機率有解 人生的局

Struck
by
Lightning

The Curious World of
Probabilities

「統計學界的諾貝爾獎」得主，
教你把事物的判斷機率化，
做出更好的人生決定

傑佛瑞・羅森薩爾 Jeffrey S. Rosenthal——著
吳書榆——譯

Contents

01

你被隨機性團團包圍了
人生處處是機率

　　還在哈佛大學念研究所時，有一次我訂了一張機票要飛往紐約甘迺迪國際機場，準備去拜訪親戚。就在我要搭機前的一星期，這個機場出了一件大事：哥倫比亞航空（Avianca）一架飛機第一次進場降落時失誤，第二次進場時耗盡燃油，最後墜毀，共有73人死亡。

　　一開始我很震驚。在這一場重大的悲劇之後，我怎麼能在這麼短的時間內飛到甘迺迪機場？這顯然並不安全，我必須取消探訪！

　　我努力安撫自己，試著理性地去思考。當時，我正忙著撰寫和數學機率理論有關的博士論文，但我的研究比較偏向理論，無涉日常生活。那麼，我能否將抽象的知識應用到此時非常具體的情境當中？

　　我很快地算了算。我判定，每星期大約有5,000班飛機飛往

甘迺迪機場。因此，假使這次的機場意外某種程度上，是甘迺迪機場本身的錯（很可能不是），假如我知道下星期的某個時間點這裡會再度出意外（但我不知道）。那麼，是我的班機受影響的機率，在這5,000班飛機裡也只有一次。

5,000班飛機裡出了一次意外，機率不算小，但也不大。這個機率小到能讓我安心，相信我的班機很可能沒問題。

我依據原本安排的時間飛往紐約，而且一路上都沒碰到什麼難題。成功預測，機率理論勝出！

歷經紐約冒險之旅後，過了好多年我才開始明白，每一個人時時刻刻都在面對各種涉及隨機性和不確定性的情境與選擇。當機率理論套用到真實生活情境，能理解基本的機率理論，可以幫助我們了解情境，避免不必要的恐懼，抓住隨機性帶來的機會，並且能真正享受眼前的不確定性。

人對隨機性非常著迷，但同時也很驚懼。一方面，我們熱愛驚喜派對帶來的狂喜、萌芽戀情的妙不可測、出色偵探小說的神祕，以及因為不知道明天會發生什麼事、而感受到的不受拘束。奇妙的巧合和讓人驚喜的相似，總讓我們莫名地開心。沉穩老練的都市人，樂於拿出幾百萬美元買樂透和賽馬，以及投資股票市場。疲憊的成年人辛苦忙完一天之後，會開心地去打打牌、找個競技意味極濃厚的機率賽局丟丟骰子。在電影《北非諜影》（Casablanca）裡，由亨弗萊·鮑嘉（Humphrey Bogart）演出的喜怒無常、不按牌理出牌的角色李克·布萊恩（Rick Blaine），

就比保羅・亨雷（Paul Henreid）飾演的英勇無畏、但可預測的人物維克多・拉洛斯（Victor Laszlo），得到更多觀眾的喝采。

另一方面，我們痛恨不確定性的黑暗面。從癌症到SARS，疾病無聲無息找上門，置人於死地，也重挫了醫學發展。還有恐怖攻擊、飛機失事、橋梁陷落等等事件，從來沒有人知道下一個死去的人會是誰。就連天氣，也可能忽然之間晴天霹靂、變得極為惡劣，毀了一場戶外婚禮。成功的政治人物通常會特地表現出他們什麼事都很確定的樣子，好讓我們忘記他們（以及我們自己）根本無法控制某些全國性重大事件，因為這些最終取決於隨機性。

隨機性無所謂好壞，但會讓人很困惑。比如，常聽到有人講民調結果的準確度「在20次中，有19次誤差範圍（margin of error）都在四個百分點以內」，或者是研究「證明」某款藥物很好、某種生活方式很糟等等。或是，我們忐忑不安地想要約某個人出來時，即便心裡很怕會被對方拒絕，我們仍會對自己說「反正沒什麼好損失的」。如果「今天的降雨機率是40%」，會讓我們很安心。要是被診斷出患有某種疾病，醫生會警告當中有「偽陽性」的風險。我們不見得明確知道如何因應這些可能性，甚至連這些可能性實際上是什麼意思都不太理解。

有時候，我們會試著忽略、或是用各種解釋，來消除世界上的隨機特質。我們會想像是神刻意要給人們某種天氣以示懲罰。或者，靠著數花瓣喃喃念著「她愛我，她不愛我」，以確認到底對方愛不愛。在莎士比亞的劇作《凱撒大帝》（*Julius Caesar*）

裡，卡西烏斯（Cassius）就直接否定運氣會影響人的命運，他宣稱：「親愛的布魯特斯，我們屈居人下，毛病不出在我們的宿命，是出在我們自己。」在很多電影裡，嚼著菸草、玩撲克牌的牛仔，會單純靠著意志拿到同花順。威廉・梅西（William H. Macy）在《厄運急轉彎》（*The Cooler*）裡飾演的倒楣鬼伯尼（Bernie），光是站在賭客附近就害那個人輸得一乾二淨。而《星際大戰》（*Star Wars*）中，當機器人警告痞子英雄韓索羅（Han Solo，由哈里遜・福特〔Harrison Ford〕飾演），順利衝出小行星帶的成功機率在3,720次裡只有一次，他反唇相譏說：「永遠不要告訴我成功率是多少！」

然而，現實是，講到隨機性，你可以逃，但躲不了。生活中有很多面向要由完全不在我們掌控中的事件決定，不確定性隨處都有。我們有兩個選擇：任由不確定性擊垮自己，或者，也可以學著理解隨機性。如果選擇後者，我們可以做出更好的選擇，並設法駕馭不確定性、以利自己達成目標。

請思考以下情境，看看理解不確定性和機率，如何幫助我們釐清狀況。

- **你正在規畫要去海外旅遊，但是當地的恐怖活動報導讓你裹足不前。你應該無論如何還是去嗎？簡單地了解一下機率，你就能評估這趟旅程遭遇恐怖攻擊的風險，並判斷遇險的機率是否高到足以影響你的計畫。**
- **你需要一個密碼，才能在網路上安全地執行金融交易。如**

果你自己編密碼，惡意間諜很可能會預測你的心理，猜到密碼，取得你的私密資訊。另一方面，假如你使用隨機產生的密碼，基本上可以保證安全性，就算是最聰明的敵人也猜不到。現代電腦一直都這樣使用隨機性。

- **你涉入一場鬥智賽局，對方很聰明，你希望不要被人家比了下去。** 你可以善用隨機性創造出「納許均衡策略」（Nash equilibrium strategy）。這樣一來，不管對手用什麼策略，結果都不會比單純用猜的好。

- **當地警察局長和政治人物堅稱犯罪已經失控，需要投入更多預算以加強執法。** 你可以運用「線性迴歸」（linear regression），自行判斷犯罪情況是否真的愈演愈烈。

- **你正在考慮要約辦公室那位很可愛的會計人員出來，但你很擔心她會拒絕更進一步發展，甚至可能會有怨言。** 而效用理論（utility theory）可以量化你的「想要」和「恐懼」，並計算出來到底該不該打這通電話。

- **你的醫師告知你必須服用某種藥物，他拿出最新的醫學研究，證明這肯定有效。** 考慮過研究的偏誤以及p值（p-value）之後，你可以自己判斷要不要接受研究的結論。

- **對手嘲弄你，說你被閃電劈死的機率比創業成功更高。** 簡單查核一下數字，就會知道被雷劈死的人實際上太少太少了，你可以把對手的說法放在這樣的脈絡下來看。

- **收到垃圾郵件讓你很煩心，你希望能想個辦法攔截掉。** 機率理論（probability theory）可以幫助電腦把垃圾郵件和

真正的訊息分開，讓你免於整理塞滿的電子郵件。

- 你在區區一天之內，就看見三位染了一頭綠髮的人。難道這是流行的新趨勢嗎？由於卜瓦松叢聚現象（Poisson clumping），隨機事件常常會一起發生，很多顯然讓人訝異的巧合和趨勢，其實都是純機率的結果，沒有任何意義或影響。

- 朋友想用「蒙提霍爾問題」（Monty Hall problem）來為難你：這裡有三扇門，如果你已知三號門後面是空的，那哪一扇門後面最可能有一輛汽車？運用「條件機率理論」（theory of conditional probability），能讓你算出所有的勝算，做出正確的選擇。

- 你寫了一首很棒的歌曲，但你擔心可能也有人寫了一模一樣的歌。透過機率理論，可以很有效地判斷作品是否為獨創，基本上可以確保你創作出全新的歌曲。

- 你在想，科學家和工程師如何計算出所有必要的複雜數據，以建造橋梁、執行醫學研究與設計核子反應爐。由高速電腦來執行蒙地卡羅取樣法（Monte Carlo sampling），以隨機模擬的方式，計算出這些數據。

- 你要決定要不要叫牌、玩《大富翁》遊戲要買多少房子。透過機率理論，你會更了解機率賽局中的策略運用。只要善加利用，長期你可以更常得勝。

這類情境很多，而且各不相同，但有一點是一樣的：在每一

種情況下，如果我們理解機率、隨機性和不確定性的法則，可以做出更好的決策，並更了解身邊的世界。就算是很簡單地算一下機率，都可以讓我們看透隨機性，幫助我們減緩壓力並釐清選擇。這是一種「機率觀點」，憑藉的是理性地思考隨機性，而非不理性的情緒性直覺反應。

無人可篤定地預測不確定的事件，但至少可以了解不確定性本身。本書會討論和各種不同事件有關的機率。藉由理性思考發生不同結果的可能性，我們可以做出更好的選擇，更深刻地理解人生，也更能應對眼前的不確定性，甚至還可以學著去享受。

下一次你女兒假期時搭機返家，遇上雷電交織的暴風雨。此時請莫要驚慌，不必絕望，無須滿腦子的驚悚事故畫面。反之，請想一想「機率觀點」。別忘了光在美國，每年就約有1,000萬趟商用班機啟航（其中很多都在暴風雨期間飛行）。平均來說，約只有5班飛機會發生有人傷亡的墜機事件。你女兒的班機會有人死亡（就算一人也算）的機率，僅有兩百萬分之一，不會真的出事的。

請不要憂心，好好享受當下吧。殷殷企盼她的到來，替她烹煮她最愛吃的菜餚。或者，你也可以拿紙牌或骰子，準備好玩一場有趣的機率遊戲。想一想隨機性為日常生活增添的精采美妙。

而你女兒現身時，她可能身體有點濕、肚子很餓，但百分之百安全，請務必給她一個大大的擁抱。

02

難道，這就是命運？
別讓巧合唬了你

　　我們常常因為看來非常驚人的巧合而感到震驚。例如，晚餐時你和三個朋友碰面，發現你們四個都穿同一色的衣服。你前一天夢到孫子，隔天他就突然來電了。你辦公室裡兩位同事同一天都要去盡公民義務當陪審員。你發現主管的新婚妻子和你念同一所迷你小學。這些事件會讓我們覺得很有趣、很著迷、或是引起我們的疑心，甚至意會到玄妙的深意。但應該要有這些反應嗎？

　　從機率觀點來說，我們第一個要問的問題應該是：發生這件事的機率有多低？這番巧合其實沒什麼大不了，還是真的很出人意表？

是多少分之一？

　　不管發生什麼事，總是有人會多多少少感到意外。

讓人震驚的樂透得主

「我真不敢相信。」珍妮佛大叫,「斯摩鎮的約翰・史密斯中頭彩了!」

「哇!太棒了。」你小心翼翼地應答,「你認識他嗎?」

「可惜不認識。」

「你以前聽過這個人嗎?」

「沒,沒聽過。」

「那你去過斯摩鎮?」

「沒。」

「那你幹麼這麼驚訝?」

「因為贏得頭獎的機率僅有一千四百萬分之一。」珍妮佛帶著權威的語氣宣告,「但約翰・史密斯中了!」

贏得商業彩券的頭獎是機率極低的事。但另一方面,每天都有幾百萬人買彩券,通常至少會有一個人中獎。我們不會覺得有人中頭彩是什麼了不起的事,但為什麼不覺得?理由是,那是幾百萬人當中的其中之一。畢竟,中獎的機會有幾百萬個,所以當然很容易會有人真的中了。

相反的,如果你丟一枚硬幣10次,每一次都是人頭朝上,這種情況還更讓人訝異。由於每個硬幣出現人頭朝上的機率都是二分之一,出現這種情況的機率是1,024次裡只有一次(算法是把二分之一連乘10次),算起來不到0.1%。然而,如果你花一

整個下午不斷地擲硬幣，擲了幾個小時之後，你總算連續10次都擲出人頭，這種則是必然會出現的結果，一點也不讓人訝異。

因此，每當朋友宣布有什麼讓人意外的發展時，首先你要自問的是，發生這種事的機率是幾分之一？也就是說，有多少不同的機會會導致這個事件、或其他同樣讓人訝異的類似事件發生？

迪士尼樂園的表親

十四歲時，我們一家人去佛羅里達州奧蘭多市的迪士尼樂園玩。在這兩天的旅程中，我們搭了驚險刺激的雲霄飛車和溫和平穩的列車設施，看到了鬼屋和會唱歌的人偶，也吃了很多垃圾食物。最難忘的事，在幾千名遊客之中，我們居然遇見我父親的表親菲爾叔叔一家人。他們住在康乃狄克州，而雙方都不知道另一家人當時也在佛羅里達。這次的巧遇讓大家都很訝異。

我們應該多訝異？那個時候，全美約有2.3億人。因此，任何在迪士尼樂園隨機中選的人是我父親表親菲爾的機率，大概是2.3億中僅有1人，低到難以想像。然而，以那兩天的迪士尼樂園之旅來說，我們在排隊玩不同的遊樂設施與等著吃東西時，遇到了很多陌生人。總共來說，我們**至少**和2,000人有接觸，彼此距離近到可以認得出對方是誰。而當中，任何人都可能是菲爾叔叔。因此，這馬上把機率提高了兩千倍，變成了11萬5,000人裡有一次機會。

但我們會遇見的不是僅有菲爾叔叔而已。我父親的其他表親呢？我母親的表親？其他各種遠親近親？朋友或同事？鄰居？同學？朋友的親戚？鄰居的朋友？至少有500個人，是相遇時會讓我們覺得很驚喜，就像遇見菲爾叔叔一樣。這又讓機率提高了五百倍，變成每230人中有1人。

　　當然，230人中有1人，算下來的機率還不到0.5%。因此，多數時候，你去迪士尼樂園玩時，很可能不會遇到任何認識的人。但在這一生的旅行、探訪與冒險當中，某個時候你一定會與某個人不期而遇，這種事不需要這麼訝異。

　　「多少分之一」這個問題會以很多形式出現。比方說，有個朋友對我說，她父親在過世前一晚出現在她的夢裡，看起來平靜又安詳。可能有人認為，這個夢代表某種程度上我朋友「知道」她的父親將要過世，甚至是，她的父親跨越了兩人之間500公里的距離，在潛意識的層次來和她聯繫。

　　或許吧。但另一種解釋是，我們每天晚上都會夢到很多事，我們最有可能記住、留意或和別人討論的夢境，是剛好和其他事件意外有關聯的夢。我的朋友很可能每五十天會有一個晚上夢到父親，因此，在父親過世前夢到他的機率，僅約五十分之一。但在她的人生中，她做了一個和某個事件有關聯的夢境的機率，可能比前述高很多。說起來，問題變成：到底總共要做多少個夢，才會有一個別有深意的夢境？

　　諾貝爾獎得主理查・費曼（Richard Feynman）寫過一件學

生時代的事。這位物理學家突然之間覺得，不知怎麼的，他就是**知道**祖母過世了。就在此時，電話響起。他的預言成真了嗎？他的祖母過世了嗎？沒，這通電話是打來要找另一位學生的，費曼的祖母好得很。這個故事正好說明了我們常常會有直覺或夢境或預言，但人傾向於遺忘沒有成真的那些。之後，一旦某一次真的實現了，我們會忘記這一次是很多次很多次中的一次。說起來，這種情況其實不像表面上這麼讓人意外。

　　來看看以下這個經典物理問題。假設你端來一杯水，倒進海裡。水流、潮汐、落雨和蒸氣會逐漸地把全世界的水氣都融合在一起，五年後，你前往世界另一端的另一片海洋，用水裝滿你的杯子。第一杯水裡面的分子，有多少會出現在第二杯裡面？

　　世界上的海洋裡有很多水，算起來大概有10億立方公里。與這個數值相比，一杯水（約0.2公升）根本什麼都算不上：大約是2除以1加後面22個零。因此，你第一個杯子裡有任何水分子進到第二個杯子裡的機會，大約就是1後面22個零裡面有兩個，也就是說，基本上不可能。

　　另一方面，分子微小到難以想像，就算只有一杯水，裡面也有大量的水分子，幾乎多達1後面25個零這麼多。確實，在第一個小玻璃杯的水裡有很多分子，純以巧合來說，其中會有超過1,000個在五年後進到第二杯水裡。1,000個水分子聽起來很多，但同樣的，這是幾分之一？

　　另一方面，我們能否將同樣的理性機率邏輯，應用到愛的魔法上？很多人都有一個在非常不可能的情況下，「剛好」遇見未

來伴侶的故事。以我自己來說，我和妻子瑪格麗特・傅佛德（Margaret Fulford）曾在派對上短暫相遇，但我們真正有交流，是我在某個下午**剛好**走路去郵局，陪一個**剛好**要幫同事寄包裹的朋友。在此同時，瑪格麗特那天也**剛好**提早下班，**剛好**需要去一趟郵局，而且還**剛好**選了同一家（這家郵局並不在她家或辦公室附近）。

我陪朋友跑這一趟的機率是多高？瑪格麗特在同一天去同一家郵局的機會有多大？我們同時出現在同一個地方的可能性有多少？把這些因素相乘，我們當天能相遇的機率肯定僅有幾萬分之一，而且最多就這樣。

但這事發生了。我要如何解釋？我可以主張，就算我和瑪格麗特沒有在郵局巧遇，我們之後也會在其他地方相會，比方說另一場派對。或者，我可以推論，以我每週要跑腿的差事來看，總會有某個時候發生什麼有趣的事。我也可以冷靜地宣稱，每個人其實都有很多可能的靈魂伴侶，或早或晚你總會碰上其中一人。但這些主張都不太有說服力。我猜，我就是一個很幸運的人。

朋友的朋友的朋友

有時候我們會發現很讓人意外的人際關係鏈。比如：發現隔壁鄰居竟然是你兄弟家中管家的表親。但何時應該對這種事感到訝異，何時又不應該？

有些人際關係鏈比其他有趣。舉例來說，《星際大戰》中的

邪惡角色達斯・維德（Darth Vader）對英勇的路克・天行者（Luke Skywalker）宣告：「我是你的父親」，這番告白出乎意料，也是一記深沉重擊。但在導演梅爾・布魯克斯（Mel Brooks）的搞笑仿作《星際歪傳》（*Spaceballs*）中，黑盔爵士（Lord Dark Helmet）的台詞改為「我是你父親的兄弟的姪兒的表親的前室友」，這個場景看起來就稀鬆平常多了（也因此，這是博君一笑的諷刺性改編之作）。究竟，為何我們會認為這兩種聽起來很像的事實如此不同？

同樣的，解釋理由是：這是幾分之一？每個人都只有一個父親。雖然某些人對我們來說，重要性可能不亞於父親，像是母親、手足、孩子，或許還有一輩子的摯友。但父親仍占有很高的地位，肯定是親疏遠近關係中的「前十名」。因此，如果我們的死對頭到頭來居然和我們有這麼親的關係，確實會讓人很訝異。另一方面，對我們來說，重要性等同於「父親的兄弟的姪兒的表親的前室友」的人，很多很多。所以說，黑盔爵士處在這個遠上加遠的位置，只是讓他成為極大量有關係者當中的一員而已。這沒什麼好訝異的，我們也確實不覺得訝異。但這種關聯性有多少？有多少人和你之間的關係，可以用像這樣短短的關係鏈來描述？

這個問題和六度分隔（six degrees of separation）現象有關。這個詞源出於哈佛心理學家史丹利・米爾格蘭（Stanley Milgram）早在1976年所做的一場實驗。他隨機挑選出一些住在堪薩斯州和內布拉斯加州的人，然後寄出包裹給他們，並指示他

們想辦法把包裹寄給住在麻州的特定「目標」人士。重點是，收到包裹的人僅能靠著他們知道對方全名的人傳遞包裹，只知道姓什麼的人不算。因此，住在堪薩斯州、且收到包裹的人必須去思考：有誰是我知道他的全名、而且認識這位麻州目標人士？

米爾格蘭發現，在送抵的包裹當中，經歷過的關係鏈，其平均數大約是六個人。「六度分隔」的概念就此誕生，當中蘊藏著讓人驚異的概念是：我們每個人都彼此相連，當中只相隔著「朋友的朋友的朋友」或「同事的同事的同事」這種短短的鏈結。

當然，米爾格蘭的實驗裡有很多缺陷。首先，他的實驗僅限於單一國家。而且，有很多包裹從未送達，這可能代表中間人根本不在乎，但也可能指向在這些狀況下，需要更長的人際關係鏈才能送達（因此從來未能完成）。另一方面，收到包裹的人必須自行決定要把包裹轉交給哪一位目標人士，他們無從得知選擇哪一個人的關係鏈最短。整體來說，多數科學家接受米爾格蘭的概念，同意我們每一個人都透過相對短的熟人鏈彼此相連，但精準地說出「六」這個數字，很可能比較偏向杜撰虛構，而不是真有其事。

我們可以從另一方面來思考這些關聯。假設每一個人算下來都有500個「朋友」，即知道全名的人。因此，「朋友的朋友」鏈結就有500乘以500，總共是25萬條。「朋友的朋友的朋友」鏈結則等於500乘以500乘以500，等於1.25億條。當然，有些不同的鏈結會帶回到同一個人身上，因此，「朋友的朋友的朋友」鏈結裡的人應該會少於1.25億人，但總數還是很龐大。說起來，

就算以全世界的人口來說，六度分隔看起來還算蠻有道理的。

數學家很愛這類關係鏈，他們有自己獨特的版本，根據的是傑出數學家保羅・艾狄胥（Paul Erdös）的研究成果。艾狄胥一輩子居無定所，不斷地去拜訪世界各地的數學家。這些數學家會照料他的日常，以換取和他合作的特權，解決他們正在研究的問題。也因此，艾狄胥是超過1,500篇發表論文的共同作者，和全世界成千上百位數學家合寫過文章。

在這樣廣大的關係網啟發之下，數學家發明了艾狄胥數（Erdös number）。每一位曾經和艾狄胥合寫過文章的數學家，艾狄胥數是1（超過500人），每一位曾經和艾狄胥數1者合寫文章的人，艾狄胥數是2（約有7,000人），依此類推。我的艾狄胥數是3：我在1999年和數學家羅賓・裴曼特（Robin Pemantle）共同發表了文章，他則在1996年和另一位數學家斯萬特・詹森（Svante Janson）一起發表了文章，詹森則在同年和艾狄胥一起發表文章。因此，這讓我和艾狄胥之間形成了以三位數學家串起的鏈結。可惜的是，這不是什麼了不起的成就，另有超過3萬3,000名數學家的艾狄胥數是3。

影痴不落人後，他們也有自己的艾狄胥數，稱為貝肯數（Bacon number）。曾經和演員凱文・貝肯（Kevin Bacon）合演電影的人，貝肯數是1。和這些人合演過電影的人，貝肯數是2，依此類推。例如，蘇珊・莎蘭登（Susan Sarandon）的貝肯數是2，因為她曾和西恩潘（Sean Penn）合演《越過死亡線》（*Dead Man Walking*），後者則在《神祕河流》（*Mystic River*）中

與凱文‧貝肯同台。

同樣的概念也可以應用到各個方面。比方說，全球資訊網連結（你要在你的網路瀏覽器上點選多少個超連結，才可以從你的網頁連到我的？）或者，一起錄製唱片的搖滾樂手（如雷‧查爾斯〔Ray Charles〕和奧茲‧奧斯本〔Ozzy Osbourne〕之間只隔了三個人，查爾斯曾經和麥可‧傑克森一起錄唱片，麥可‧傑克森曾和重金屬吉他手Slash合作，Slash則和奧斯本一起錄過唱片）。或是，曾經是隊友的棒球員（像是有數條路徑可以把1930年代的強棒貝比‧魯斯〔Babe Ruth〕和現代的明星投手羅傑‧克萊門斯〔Roger Clemens〕串聯起來，而每一條裡面都有五位球員）。或者是，瑪麗蓮夢露數（礙於禮貌，我無法具體說明這個數值描述了哪一種關係連結）。

講到不同群體之間的各式各樣關係連結，看起來，可能性無窮無盡。這讓我們以全新的觀點來看「巧合」：人和人之間有這麼多可能的聯繫，偶爾單純因為因緣際會而出現一些巧合，也就不足為奇了。

「派對中，一定有兩人同一天生日！」

另一個有趣的機率事實稱為生日問題（birthday problem）。這是說，如果隨機選出23個人，其中有兩人生日在同一天的機率超過50%（這是指同月同日，但不一定同年）。如果有41個人以上，機率則超過90%。靠這一點可以變出很棒的室內遊戲花

招。下一次，如果你去參加一場規模適中的派對，去找一個沒聽過生日問題、而且容易被騙的可憐蟲，跟他打賭裡面一定有兩個人是同一天生日，然後等著賭金入袋。

為何機率這麼高？同樣的，問題仍是，這是幾分之一？而這一次，答案更加微妙。我們最初的反應會認為一年有365天（閏年先略過不考慮），因此，如果只有23個人，那麼，365天裡僅涵蓋了23天，換算下來是6.3%。這個機率值很小，也讓人對於我們這個室內遊戲是否真的有效起疑。然而，答案是對了，但問題錯了。如果你問這23個人是否有任何人**今天**（或是聖誕節，或是任何一個特定日子）過生日，那確實僅有6.3%的機率會有人回答有。

（這一點幫助過我完成一些偵探工作。我曾經出席一場大型統計研討會晚宴，當天替3個人慶生。我對此感到懷疑，畢竟現場僅有180人。因此，從統計上來說，應該僅有180除以365、也就是大約半個人在當天生日。我起疑是對的。後來發現，當天另外兩個「壽星男孩」其實是下個月過生日，但是提前慶祝。）

但以我們的室內遊戲規則來說，我們要問的是，在這隨機選出的23個人中，有沒有人和其他人同一天生日，而不是有沒有人的生日在某個特定的日子，比方說今天或聖誕節。兩者之間的差異，解釋了機率為何這麼高。

原因是，把這些人拿來配對，**配對數**會比總人數還高。舉例來說，假設派對上僅有4個人：艾美、貝蒂、辛蒂和黛比。用這些人來配對，總共可以配出6對：艾美和貝蒂、艾美和辛蒂、艾

美和黛比、貝蒂和辛蒂、貝蒂和黛比，以及辛蒂和黛比。派對上的人愈多，可以配出的對就愈多，而且比總人數多很多。如果有 23 人參加派對，就可以配出 253 對，有 41 人參加配對，就可以配出 820 對。（配出的對數，等於參加派對的人數乘以派對的人數減 1，然後把乘積除以 2。如果是 4 個人，那就有 $4 \times 3 \div 2 = 6$ 對。假如有 23 個人，那就有 $23 \times 22 \div 2 = 253$ 對。假設是 41 個人，那就是 $41 \times 40 \div 2 = 820$ 對。）

現在，我們可以看出為何「生日問題」確有此事。就算僅有 23 個人，但可以配成 253 **對**。在這麼多對中，任何一對是同一天生日的機率為 1/365，而這些對裡有人同一天生日的平均數值為 253/365，換算下來有 0.69 對。0.69 已經遠高於 0.5。這表示，有人生日為同一天的機率遠高於一半。不過，0.69 這個值有一點高估了，因為可能有不同的對都是同一天生日。如果針對這一點做修正，在 23 人裡面，至少有一對生日同一天的機率為 50.7%。在一場 41 人出席的派對上，同一天生日的平均對數為 820/365，也就是 2.25 對，而至少有一對是同一天生日的機率極高，達到 90.3%。

這裡要講的重點是，不管是生日、收入、家鄉、最愛的小說、皮包裡的零錢或是任何東西，可以配成對的機率遠遠高於你所想，因為可能的配對數量很多。因此，下一次如果有兩個不同的項目剛好配起來，不要又嚇了一大跳。反之，請自問：這是幾對中之一？

表2.1：同一天生日的機率與平均數

人數	對數	同一天生日的平均配對數	有人同一天生日的機率
4	6	0.02	1.64%
10	45	0.12	11.69%
20	190	0.52	41.14%
23	253	0.69	50.73%
30	435	1.19	70.63%
35	595	1.63	81.44%
40	780	2.14	89.12%
41	820	2.25	90.32%
45	990	2.71	94.10%
50	1,225	3.36	97.04%

音樂大混戰

你很興奮，因為你剛剛買了超特別歌曲數位離線播放裝置。你急切地下載4,000首你最愛的歌曲，然後按下隨機播放鍵。吉他的重複節奏片段交雜了鼓聲獨奏，展現出火花四迸的聲音協奏，你的耳機也隨之震動。你很期待接下來的日子裡，有更多不同的音樂饗宴和喜樂享受。

放到第75首時你很震驚，因為你聽出來這是重複播放第42首。明明只是從4,000首歌裡選出區區75首，這愚蠢的音樂

播放器居然還選到重複的。怎麼會這樣？裝置一定壞掉了！

　　在要求退款之前，你做了一些計算。在75首歌曲中，兩兩配對可以配出2,775**對**。這個數目很大，已經超過你總共可以拿來配對的4,000首歌的一半。事實上，如果你從4,000首歌裡隨機選出75首歌，你至少聽到一首歌重複出現的機率是50.2%。

　　所以說，這可能不能怪裝置。你決定繼續戴上你的耳機。

巧合嗎？我不這麼認為

　　在2003年11月的第一週，大多倫多都會區發生5起互無相關的謀殺案。而在這個地區，平均來說，每個星期平均僅會發生1.5起謀殺案。媒體因為擔心嚴重的犯罪潮愈演愈烈，因此大肆報導這件事。多倫多警察局長要求針對司法系統進行一次公開調查，直指系統「並未展現任何明顯的嚇阻作用」。但這樣的顧慮有道理嗎？

　　在回答這個問題之前，我們先來看看以下這個題目。圖2.1顯示不同的100個點組成的集合。其中一組的點完全隨機放置，每個點出現在框框任一位置的機率相同。另外一組則是比較刻意擺放的結果。哪一組真的是隨機的？左邊，還是右邊？

圖2.1：哪一組真的是隨機的？左邊，還是右邊？

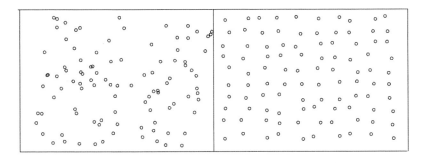

　　上圖中，左邊的點圖出現各式各樣的排列模式。在某些位置，有兩、三個點緊緊地靠在一起，在其他地方，則是一大片空間裡僅有幾個點。事實上，下方的點幾乎都遵循著螺旋模式，看起來完全不隨機。

　　對照之下，右邊的點圖則很平均分布，沒有任何點太過靠近或太過遠離其他點，也沒有哪個區塊的點太稀疏。這些點看起來十分隨機。然而，真正隨機分布的是左邊的點圖。在這個點圖中，每一個點出現在框框中任何一個地點的機率都相同，完全不考慮其他的點怎麼樣。附近所有的點、稀疏的區塊、螺旋模式等等，完全是湊巧出現（我保證）。相反的，右邊的圖，並非真正隨機分布。我一開始是把所有的點平均分布到網格中，只有對每一個點做了非常小幅度的隨機移動（讓這些點不會完全排排站）。因此，右圖中的點只有一**小部分**的隨機性（足以愚弄人的眼睛），它們其實是透過精心安排，以非常不隨機的方式平均分布在整個框框裡面。

這個範例說明了只要事件數目很大（就像這些點一樣），有些會傾向於叢聚在這裡或那裡，而這純粹是剛好而已，完全不代表任何趨勢或理由或相關性。隨機性愚弄我們，讓大家誤以為看出了模式和關係，但實際上這不過是因緣際會的結果罷了。理論學家把這種情況稱為卜瓦松叢聚。而第一個算出精準機率（也就是所謂的卜瓦松分配〔Poisson distribution〕）的人，是法國數學家西蒙－德尼・卜瓦松（Siméon-Denis Poisson），他在1837年時得出結果。

卜瓦松叢聚的現象會讓某些人很緊張。我曾經獲聘擔任線上博弈網站的顧問，因為該公司的經理認為，電腦並沒有正確選出基諾彩（keno）賭局的獎號球。選擇開獎球時，應該完全隨機選出。但經理認為，開出的獎號中有太多彩球接近展示板上的17號位置，他擔心會有狡詐的顧客利用這一點獲利。但他無須憂心，透過審慎的統計分析，確認是以一致的機率來選出獎號球。這位經理看到的現象，不過是卜瓦松叢聚發威而已。

那麼，多倫多的謀殺案又如何？卜瓦松分配告訴我們，每個星期平均會發生1.5件謀殺案，在完全的巧合之下，某個星期發生5件謀殺案的機率仍達到1.4%。因此，我們應可預見，每71個星期中，就會有一個星期出現5件謀殺案，幾乎是一年就會有一次！但對於這種事其實不用這麼驚訝，除了運氣不好之外，也沒有別的涵義。

反之，一個星期內都沒有發生謀殺案的機率高於22%。確實，多倫多有很多週都沒有發生任何謀殺案，但我還沒有看到哪

一份報紙的頭條大大登著：「本週沒有謀殺案！」

　　我們可以利用配對和大群體，從另一個面向來思考卜瓦松叢聚。在前一張圖中，左手邊的框框裡有100個點，這表示，我們總共可以配出4,950對。有這麼多對，有些對彼此間的距離非常近，也就無需訝異了。同樣的，一年裡會發生78樁謀殺案，總共可以配出3,003對。如果以五件為一組，則有超過2,100**萬**個不同的群組。因此，這麼多群組中，有幾組都發生在同一個星期，也沒什麼好訝異。

　　卜瓦松叢聚也可以**解釋**，為何之前好幾個星期都沒有人邀你，但某晚突然受邀參加兩、三場派對。或者，你車子開了幾個小時都平安順利，但在短短幾分鐘內卻連續遇到兩名惡劣的駕駛。或是，同一天之內受到五個人無理的對待，或同一個晚上有三個人撥錯電話到你家。抑或是，你花了二十五分鐘等不到公車滿心挫折，結果沒來由地一來就連續來三班。這些事件當中沒有任何神祕、警示或意外之處，就只是機率法則發揮作用而已。

　　說到公車，卜瓦松叢聚也可以解釋公車排班表的重要性。如果公車按時到站，每十分鐘就來一班，你等車的時間會介於零到十分鐘之間，平均為五分鐘。然而，假如公車到站的時間完全是獨立的，不用考慮班表也不考慮彼此，那就不是這樣了。你可能運氣很好，馬上就看到公車來了（甚至一次來好幾班），或運氣不好，必須等很久。在這種情況下，你平均必須等十分鐘才能坐上車，與公車按照班表行駛的情況相比，時間剛好多了**兩倍**。所以，如果你居住城市裡的公車是隨興開出，請向市長申訴，說你

多耗了兩倍的時間等車，這毫無必要。

我們可以看到，很多「巧合」都可以用純粹的機率來解釋。這些看起來很讓人意外的現象，恐怕只是許多可能性當中的一種（比方說，在迪士尼樂園遇見我父親的表親），或是因為配成對的數目大增而導致（像是生日問題），也可能是卜瓦松分配所致（例如每星期的謀殺案件，或是點的螺旋分配模式）。

有時候，會出現這些結果，是因為兩種看來無關的事件，其實有同樣的起因。例如，房價下跌時，銀行的獲利就高，兩者都是因為升息的關係。或者，飛航班次與博物館進場人數在同一個星期飆漲，因為那週剛好是春假。

雖然可以用「共同原因」（common cause）來解釋讓人跌破眼鏡的巧合，但有時候這些原因非常微妙難測，隱而不見。因此，下一次如果有兩個或更多人忽然間提出同樣的建議、談到同一個問題，或是做了相同的動作，請自問有沒有共同原因，可以解釋這些讓人意外的現象。

父母的隨想

你總算找到保母來照顧傑森，你和先生正在享受難得的安靜浪漫時光，在一家優雅的法國餐廳用餐。

你舒舒服服地搖晃著一杯15美元的紅酒，幾滴酒濺了出來，沾到白色的桌巾。這些小小的色塊讓你想起去年，傑森五

歲生日時的瘋狂慘烈，那時掉在地上的義大利麵醬，還比小孩吃進肚子裡的多。

你還記得那天傑森有多開心。一個月後，他開始上幼稚園，之後他就變得比較緊繃了。那年秋天，你和他的老師討論孩子的轉變，老師也認同傑森不太能適應新的常規，但她說他看起來正在進步。

幾個星期後，幼稚園舉辦音樂表演會，傑森笑容滿滿，他很喜歡那一場活動。他坐在新朋友小哈爾德旁邊，哈爾德看起來是個好孩子。

哈爾德的父母是挪威人，他唱了一首挪威傳統民謠。他不是偉大的歌手，但這首歌仍在大家心中喚起壯麗峽灣與幸福人民的美麗畫面。北歐是很有意思的地區，有一天要去看看。

「也許我們該去北歐度個假。」你先生忽然這麼說。你瞪著他，驚呆了。「怎麼會這樣？我剛剛也想到了北歐！」你大喊，「真是驚人的巧合！」

你不知道的是，你先生也注意到那幾滴紅酒，他也想到了傑森的派對、幼稚園的表演會、傑森的新朋友哈爾德，以及……

就算沒有共同原因，綜合應用「幾分之一」原則、卜瓦松叢聚和發揮「朋友的朋友」加乘力量等因素，也可以解釋多數巧合。巧合不會因為這樣而變得不讓人驚訝，但確實可以幫助我們理解，為何常常發生剛剛好的事。

03

贏家，有大數法則撐腰
為何賭場永遠在賺錢？

無論是賭城拉斯維加斯的奢華，還是全世界幾千處比較不浮誇的賭場，甚至只是電影的場景，我們都看過賭場的實際狀況。這些地方滿滿都是心急的賭客和好奇的觀光客，這些人什麼都下注，從吃角子老虎、輪盤、擲骰子、基諾彩，到撲克牌和21點的牌桌，有什麼賭什麼。而每一次下注，什麼結果都可能發生：有些賭客會輸，有些會贏。有些人一夕致富，有些人輸到破產。有些人在賭場裡待了下來，一整天都在下注，有些人看了幾分鐘之後就離去。

但在所有的隨機性當中，有一點是絕對肯定的：長期來說，賭場**永遠**都賺錢。賭場確實是金牛。人們在辯證政府助長賭博下注是否合乎道德時，通常會出現的顧慮，是賭場造成的社會衝擊、賭癮問題，以及傳達了哪些訊息給孩子。但從來沒有人擔心賭場可能會虧錢。不會有這種事。

怎麼會這樣？這麼多不確定性中怎麼會出現如此肯定的事？個別賭客的運氣好壞很隨機，不可預測，賭場怎麼會以穩定、且可預測的比率獲利？

　　這個問題的答案牽涉到兩件關鍵事實。第一點，賭場的整體表現是許多、許多個別賭注加起來的總和結果。每一個小時會有幾百、甚至幾千人下注賭輪盤，吃角子老虎和其他的賭局更多。個別賭客可能在這裡賭一點、那裡賭一點，因此整個賭場涉及的個別賭注數目非常龐大。

　　隨著隨機事件一再地重複，成功的部分會愈來愈接近平均值（或稱為期望值）。也就是說，如果你不斷拋擲一枚公允硬幣，長期下來，約有一半的時候會得出人頭。或者，假設你不斷拋擲一枚公允的六面骰子，長期下來，約有六分之一次會出現點數5。這不只是猜測，而是定律：**大數法則**。這條法則是，如果你重複任何隨機事件的次數夠多，長期來說，好運和厄運會互相抵銷，你最後會得到接近「正確」的平均數，也就是模擬真實機率的平均數。

　　在湯姆・史塔帕（Tom Stoppard）的劇作《君臣人子小命嗚呼》（*Rosencrantz and Guildenstern Are Dead*）裡，就有連著幾天重複擲一枚硬幣、擲上幾百次的橋段。每一次，擲出的都是人頭。主角人物的現實感因為很多事情而被干擾，這是其中之一。他們應該要感到憂慮嗎？絕對是！大數法則保證，長期來說，好運和厄運會互相抵銷，平均數會趨近於真實的機率。因此，當你擲一枚硬幣很多、很多次，你會得到的結果大約是一半人頭、一

半字。這種連續丟出幾百次人頭的事，絕對不會發生。

當然，硬幣自己不知道字和人頭應該要互相扯平。確實，就算你連續丟出四次人頭，下一次再丟時，硬幣出現人頭或字的機率，仍是相同的。大數法則說的是，就算每一次丟硬幣時出現人頭和字的機率都一樣，不會去考量上一次出現什麼，但長期下來，出現人頭的比率應該會愈來愈接近一半。

大數法則指出，即便賭局**平均來說**只對你稍稍有利，只要你賭得夠多，就一定可以勝出。另一方面，就算賭局**平均來說**只對你稍稍不利，只要你賭得夠多，就一定會輸。所以，雖然每一場個別的賭局都是獨立的，不會去考慮之前的結果是什麼。但長期來說，重要的是該遊戲的**平均輸贏次數**。

第二點是，在每一家專業賭場裡，每一種賭法都對賭場稍稍有利。每一種賽局支付彩金的規則都經過精心設計。因此，就算以單一注來說，什麼情況都可能發生，但長期平均來說，賭場會稍微勝出。

如果賭場沒什麼客人，而且每一位賭客僅下幾次注（就算賭金很高也一樣），結果就很難說。賭客可能輸掉賭金，也可能贏錢。而賭場可能賺錢，也可能輸錢。結果是隨機的，完全不保證會怎樣。

另一方面，如果賭場有很多顧客下大量不同的注，基本上隨機性就會消失。大數法則說，因為每一筆單獨的賭注都稍微有利於賭場，很確定的是，長期下來賭場會賺錢。

簡而言之，想要賺錢，賭場不必運氣好，只要有耐性即可。

賭客幻想自己「手氣很好」，或是有「幸運號碼」，或是因為各行星排成一列等理由，來建構自己在賭博時的希望。但賭場有本錢把希望建構在比較確定的事物上：大數法則。

有人不誠實買票，怎麼辦？

你在歐洲搭公車，公車採取無人監督的自律制，來處理售票問題。也就是說，公車上沒有專人在乘客上車時收費，但期待乘客都會買車票。偶爾會有查核人員來查票，無票的乘客會被罰款。

你是誠實的人，於是買了票。然而，等車時，你看到小氣鬼查理在售票機附近晃來晃去，你們距離很近，近到你可以聽到他的喃喃自語。

「買一張公車票要花我1歐元。如果我沒買票而且被抓到，那我要被罰10歐元。但是，我被抓到的機率大概是20次會被抓到一次。因此，長期來說，每20次只有一次要付10歐元。算下來，每坐一趟公車平均要花0.5歐元。根據大數法則算起來，長期下來，對我來說，不買票比較便宜。」

查理滿意又得意，不買票就上了公車。你不想吵架，所以什麼也沒說。但當晚，你寫了一封信給本地的交通單位，建議他們馬上把罰款提高到至少20歐元。

賭場大亨是這樣贏錢的

賭場要能應用大數法則獲利，必須確定每種賭法都對自己稍微有利。只要一出錯，讓某個局稍微偏向賭客，賭場長期下來可能會輸掉千百萬。

但賭場要如何確保賭局有利於己？答案是，賭場會聘用機率理論的專家，計算每一局的平均淨彩金、也稱期望淨彩金。

要理解這如何運作，來看看以下這個最簡單的例子：輪盤。標準（美國式）輪盤總共有38個槽：從1號到36號（紅色與黑色交錯），再加上0和00兩個特殊槽（綠色）。輪盤的設計是，轉動輪盤時，球落在這38個槽中任何一個的機率都相等。

賭客會把賭注放在下一次轉動輪盤時，球會掉落的槽。下注有很多種選項，每一種彩金都不一樣。舉例來說，賭客可能會選擇花10美元，賭球會落在紅色槽。這表示，如果球落在18個紅色槽中的任一個，他就會贏10美元。反之，若球落在黑色或綠色槽，他就要輸掉這10美元。

平均來說會怎樣？總共有38個槽，當中有18個紅色槽。因此，每下注38次，這名賭客會有18次贏得10美元。然而，在38個槽中，黑色或綠色的槽總共有20個。因此，每下注38次，賭客會有20次輸掉10美元。所以說，這位賭客贏得的平均賭金等於10美元 × 18 ÷ 38減去10美元 × 20 ÷ 38，最後算出來的答案是 −0.526美元。因此，平均來說，賭客這樣下注會輸52美分。

當然，這名賭客實際上絕對不是輸52美分。每一次下注，

他要不就贏得10美元，要不就輸10美元。然而，如果他這樣下注很多、很多次，一而再、再而三下注，長期來說，他每下一注就會輸約52美分。這是大數法則下的另一名受害人。同樣的勝率會套用在賭場成千上萬的賭客身上，確保賭場賺大錢。

透過著名的賭徒破產（gambler's ruin）問題，我們可以從另一個角度思考長期博弈。假設你一開始有1,000美元，你不斷地拿10美元出來賭紅色槽。你有多高的機率可以在還沒輸光1,000美元本金之前，讓持有資金翻倍、亦即贏得1,000美元？由於你每一次賭輪盤時，賭贏的機率將近50%，你可能會預期，你有接近50%的機率，可以在把1,000美元本金輸光之前，先贏到1,000美元。事實上，你在賭輪盤時一直拿10美元出來賭紅色槽，在輸光1,000美元前賺到1,000美元的機率，每3萬7,650次中僅有一次，機率極小。因此，如果你一直這麼賭輪盤，基本上不可能在1,000美元本金輸光之前，先賺到1,000美元。

其他的輪盤賭法呢？某些賭法的結果和賭紅色槽相同，像是賭黑色槽、賭奇數、賭偶數、賭1到18號槽、賭19到36號槽。在每一種情況下，球落在其中的18個槽你會贏，落入另外的20個槽你會輸。因此，平均來說，你每賭10美元就會輸52美分。

當然，還有很多的輪盤賭法。比方說，有所謂的「押一打」（dozen bet），你可以賭其中一打數字。如果你拿10美元賭「第二打」（13到24），一旦球落在13到24號槽中的任何一個，你就贏20美元。假如球落在其他槽中，你就會輸掉10美元賭金。

你可能會想，哇，這太棒了。如果我贏的時候拿20美元，

輸的時候僅虧10美元，那我顯然有勝算。

很可惜，並非如此。因為13到24號僅有12個槽，每38次中，你僅有12次會贏得20美元。另外的26次，你會輸10美元。因此，你下這一注平均來說能贏到的金額，是20美元×12÷38減去10美元×26÷38。同樣的，算出來的結果是－0.526美元，和之前一樣。因此，對你來說，賭的勝算仍不在你這一邊。長期來說，你每賭一次就會輸約52美分，就像你賭紅色槽一樣。

那麼，只賭單一號碼又如何？假設你下注10美元，賭22號，如果球落在22號槽，你就會贏得350美元。除此之外，你都會輸掉10美元。你想，就是這個了。如果你賭了一陣子，最終真的贏了350美元的彩金，到這個時候，你一定就可以勝出。

可能不會。以38個槽來說，球只有一個機會落在22號槽，落在其他槽的機會則有37個。因此，若花10美元賭22號槽，你的平均彩金等於350美元×1÷38減去10美元×37÷38。這算出來的結果（你也猜到了），是－0.526美元。同樣的，假設你不斷地這樣賭，長期下來，你每一次下注時就會輸約52美分。

真要命！設計輪盤的人也太聰明了。他們設計出的每一種賽局，整體來說，勝率都有利於賭場。勝率沒有偏向賭場**太多**，要不然，就不會有人想要去賭了。然而，這對賭場來說已經夠有利，可以保證長期的獲利率，通常都是總賭資的1%到3%。這些賭法能成功，是因為大數法則。一年裡面下注的賭資金額這麼高，就算獲利率很低，也可以積少成多：全世界每年的博弈營收上看好幾兆美元。

表 3.1：各種輪盤賭法的機率和彩金（注金 10 美元）

賭法	機率	彩金	預期損失
紅色／黑色／偶數／奇數	18/38	$10	$0.526
一打注	12/38	$20	$0.526
單號注	1/38	$350	$0.526

當然，你可能運氣很好，球在輪盤第一次轉動時就落進 22 號槽，或者第二次或第三次。如果是這樣，請趕快起身兌現你的籌碼，然後走人！但不要寄望會發生這種事。長期來說，賭客輸掉的錢會比贏到的多。有些賭客會勝出，但平均來說，賭場會賺錢。現實一定是這樣，這是法則。

龜兔賽跑，誰說兔子贏不了？

在《伊索寓言》〈龜兔賽跑〉裡，烏龜要和兔子比賽。兔子的速度快得多，但牠也漫不經心，比賽才到一半，牠就決定（因為牠大幅領先）要先快快休息一下打個盹。牠睡著時，烏龜緩慢卻穩定地喀喀爬行，在軋軋聲中勝出。

講到這個故事時，慣例都是責備兔子太不堅持、太不可預測、太過隨興。反之，緩慢卻穩定的烏龜被塑造成認真工作並謹守紀律的模範，證明只要我們堅定不移、認真看待自己的任務，每個人都能成功。

但運用機率觀點，能讓我們更精準地理解這個寓言。大數

法則告訴我們，真正的問題並非是兔子還是烏龜比較可靠穩定，或是更好的角色典範，而是這兩者**平均來說**誰的移動速度比較快。平均速度比較快的人，長期下來必能贏得比賽。

假設烏龜永遠以每小時一公里的穩定步伐前行。另一方面，只要兔子不睡覺，每小時可以跑四公里。誰會贏這場比賽？

如果兔子很懶惰，每五小時就睡四個小時（平均來說），那牠就麻煩了。如果是這樣，以每五小時來算，兔子只有花一小時跑步，而且只跑了四公里。反之，穩定但緩慢的烏龜每五個小時可以推進五公里，勝利歸於烏龜！

另一方面，如果兔子只睡掉一半的時間（平均來說），那麼，牠每兩個小時仍有一個小時在跑步，可以推進四公里。在此同時，烏龜會推進兩公里，勝利歸於兔子！

因此，從機率觀點來看，〈烏龜賽跑〉的故事重點在於，平衡飛快的速度和打盹的時間，要小心計算平均值，才能判斷誰會贏得比賽。這裡要看的不是穩守工作崗位的道德之美、或不可靠生活方式的邪惡之處，這樣的詮釋就等於是一種粗率、有害且不公平的歧視：歧視隨機性本身！

賭場裡的另一種賭局是賭基諾彩。以80個基諾彩球的玩法為例，賭客可以從1到80號中選擇10個球。「開球機」會從1到80號中，隨機開出20個球，賭客的彩金取決於在這20個開出的號碼中，他選中了幾個、或者說他配到對的數字有幾個。有一個

版本的賭法是，若你下注10美元，中了3個以下，那你什麼也沒有，中了4個號碼可以得10美元，中了5個得20美元，中了6個得200美元，中了7個得1,050美元，中了8個得5,000美元，中了9個得5萬美元。10個號碼全中的話，獎金高達12萬美元。

只花10美元就有可能拿到12萬美元彩金，聽起來很有吸引力，有助於吸客。可惜的是，開球機要從80個球中選20個，可能的組合有接近4後面再加18個零這麼多，且各個組合出現的機率相等。而在這些選項中，包括你選的10個號碼，總共也接近4後面再加11個零這麼多，數字也很大，但比前一個小多了。在賭彩球遊戲中，10個號碼都中的機率，是用後一個數字除以前一個，算出來約為900萬次裡會有一次，基本上不可能。我很抱歉，但我要把話說明白，你很難馬上看到自己10個數字都中的好事。

事實上，配到4個數字的機率比較高。你選到的（10個）數字中有4個中獎的組合，共有521後面加15個零這麼多種，除以總選擇數目，得出的機率將近15%。但另一方面，中了4個數字也只能讓你拿回10美元，就這麼多了。中了5個數字並因此賺得10美元的機率為5%。符合6個數字的機率僅比1%高一點。

表3.2說明，各種符合情況下的預期報酬（彩金乘以你猜中的機率）。把這些數字加起來，我們知道花10美元賭彩球的整體預期彩金值：7.49美元。這是說，平均來說，花10美元賭基諾彩，會拿回約7.49美元。或者，換句話說，平均來說會輸2.51美元。同樣的，情勢對你不利。

表 3.2：花 10 美元賭彩球的各種贏錢機率與彩金

配對成功的數目	機率	彩金	預期報酬
0	4.58%	$0	$0
1	17.96%	$0	$0
2	29.53%	$0	$0
3	26.74%	$0	$0
4	14.73%	$10	$1.47
5	5.14%	$20	$1.03
6	1.15%	$200	$2.30
7	0.16%	$1,050	$1.69
8	0.014%	$5,000	$0.68
9	0.00061%	$50,000	$0.31
10	0.000011%	$120,000	$0.01
總計：	100%		$7.49

　　在賭場的賭局中，人們在吃角子老虎中花的賭金最高。賭場有約60%的獲利來自吃角子老虎。我認為這很讓人訝異，因為吃角子老虎是以隱形的機制在運作。檯面上沒有轉動的輪盤、跳動的彩球或滾動的骰子，你沒辦法直接查核機率。不管是傳統的齒輪機或拉霸機，還是現代的電腦控制影片式樂透開獎機，你在玩吃角子老虎時都要懷著一定程度的信任，相信賭場營運者不會作弊。

　　吃角子老虎機器製造商會宣告各種彩金的機率。每一種機器的機率不一樣，但他們通常宣稱平均來說，顧客可以拿回88%

到95%的賭資。或者，換種說法，你每花10美元去玩吃角子老虎，可以預期將拿回8.80美元到9.50美元，輸掉的金額在0.50美元到1.20美元之間。

丟骰子的啟示

很多賽局都要丟骰子。沒有人說得準骰子會出現幾點，但思考一下機率仍能提高勝利的機會。如果你丟普通的六面骰子，出現1、2、3、4、5、6的機率都相同。然而，很多賽局會丟到兩顆骰子，並把兩顆骰子的點數加起來，從2（如果丟出一對1）到12（若丟出一對6）都有可能。那這些可能性的機率都一樣嗎？

不，不一樣。丟兩顆骰子時，以你的第一顆骰子和第二顆骰子分別可能出現的數字來配對，總共有36種可能性，如表3.3所示。

出現這36對的機率是一樣的。很快速看一下，其中只有一對（1,1）的總和是2，這表示總和是2的機率在36次中僅有一次。另一方面，其中有六對的總和都是7：（1,6）、（2,5）、（3,4）、（4,3）、（5,2）和（6,1）。因此，總和為7的機率為6/36。表3.4顯示，丟一對骰子可能出現的不同點數和之機率。

因此，如果你丟兩顆骰子，最可能出現的點數和是7，每六次就會出現一次，大約有17%的時間都是這個結果。接下來則是6和8，這兩種每36次就會出現五次，出現的機會大約有

表3.3：丟兩顆骰子可能出現的點數配對

（1,1）	（1,2）	（1,3）	（1,4）	（1,5）	（1,6）
（2,1）	（2,2）	（2,3）	（2,4）	（2,5）	（2,6）
（3,1）	（3,2）	（3,3）	（3,4）	（3,5）	（3,6）
（4,1）	（4,2）	（4,3）	（4,4）	（4,5）	（4,6）
（5,1）	（5,2）	（5,3）	（5,4）	（5,5）	（5,6）
（6,1）	（6,2）	（6,3）	（6,4）	（6,5）	（6,6）

表3.4：丟兩顆骰子的點數和機率

點數和	對數	機率	比率
2	1	1/36	2.78%
3	2	2/36	5.56%
4	3	3/36	8.33%
5	4	4/36	11.1%
6	5	5/36	13.9%
7	6	6/36	16.7%
8	5	5/36	13.9%
9	4	4/36	11.1%
10	3	3/36	8.33%
11	2	2/36	5.56%
12	1	1/36	2.78%
總計：	36	36/36	100%

14%。5和9出現的機會則有11%，其他點數和出現的機率就比

較低了。最極端值是2和12，這兩種都是每36次出現一次，出現的時間不到3%。

我們可以從更直覺角度看出，為何7是最可能出現的結果。無論第一個骰子丟出幾點，第二個骰子一**定**有可以配成總和為7的點數。如果第一個骰子丟出1點，第二個骰子丟出6點就可以了。假如第一個骰子是2點，那第二個骰子丟出5點就可以了，依此類推。因此，不管第一個骰子的點數是多少，總有六分之一的機會可以讓總和變成7。其他總和的機率就沒這麼高。比方說，第一個骰子丟出1點，總和就不可能等於8。或者，第一個骰子丟出6點，總和就不可能等於6。正因如此，7是最可能出現的結果。

還有更好的方法可以看出，為何7是最可能的結果。同樣的，這也是用到大數法則。丟擲一顆骰子，平均值是1到6之間所有數值的平均數，得出的值是3.5（並不是某些人所想的3）。因此，丟兩顆骰子時的平均數就是3.5的兩倍，等於7。大數法則告訴我們，最可能的結果會很接近平均值，以兩顆骰子為例，那就會很接近7。如果你丟更多顆骰子，結果會更接近其平均數。當你丟十顆骰子，從10到60都是可能出現的結果，然而，最可能出現的總和是35。而總和接近35的數值，出現機率會高於總和比35高很多或低很多的數值。

初步了解骰子，可以幫助我們在機率賽局中做出更好的決定，提高獲勝的機會。舉例來說，假設你在玩《大富翁》，現在你要在你獨占區上蓋旅館，對手走到你的旅館時，他們就要付給

你很多錢。

假設你占有兩個地段，一個黃色區一個橘色區，上面各有三項物業。有一個對手現在距離你的黃色區非常近，下一次他如果丟出2、3或5，就會進到黃色區。另一名對手正在接近你獨占的橘色區，假如她丟出6、8或9，就會進入橘色區。你要在哪一個獨占區上蓋旅館？

6、8和9都很接近7，是最有可能丟出的結果。相對之下，2、3和5平均來說距離就更遠一點，因此可能性比較低。由於下一次有人進入橘色獨占區的機率比較大，所以，聰明的布局是在那裡蓋旅館。機率無法保證你每一次都贏，但可以幫助你長期下來多贏幾次。

幾乎所有用到骰子的賽局，都可以套用相同的理據。最近有一套很受歡迎的遊戲《卡坦島》（Settlers of Catan），遊戲區由上面印著數字的區塊組成。資源的分配靠擲兩顆骰子決定，把資源卡分給與對應號碼相鄰地區的玩家。好的卡坦島玩家永遠都會群聚在6和8這些號碼的區域旁邊。他們知道，丟骰子時，這些數字是最可能出現的結果。因此，長期來說，這些地區很有可能提供最多資源。

假設現在你要重複丟骰子，你希望某個特定號碼至少要出現一次。機率是多少？舉例來說，如果你丟一顆骰子一次，你得到3點（或是其他介於1到6之間的數字）的機率，是六分之一。但假設你丟一顆骰子丟四次，那麼，丟四次裡面至少出現一次3點的機率是多少？

很多人會以為答案一定是六分之四，換算下來是67%。他們的理由是，丟了四次骰子之後，得到3點的機率一定是丟一次時的四倍，但不可能是這樣。按照這個邏輯，如果你丟一顆骰子六次，那至少丟出一次3點的機率就是六分之六，也就是100%了，我們都知道那並不成立（就算你丟了六次，也不**保證**你一定會丟出一個3點）。這套理據的問題和重複計算有關。如果你丟四次骰子，每次都丟出3點，上述算法等於把**每一個**得到3點的六分之一機率加四次，但其實應該只把這種情況算成一次。

以下是計算丟一個骰子四次、至少出現一次3點的機率的正確算法。每一次擲骰子時，丟出的點數**不是**3點的機率為六分之五。因此，丟四次骰子，四次都沒有丟出3點的機率為複製四次六分之五，相乘起來，得出的答案為48.2%。這也就是說，至少得到一次3點的機率等於100%減去48.2%，答案是51.8%。這只比50%高了一**點點**，遠遠低於很多人想的67%。

值得注意的是，就是這個問題開啟了現代機率數學理論。在十七世紀的法國，有一位精明的賭徒安東尼·哥保德·迪·默勒爵士（Antoine Gombaud, Chevalier de Méré），他靠著和別人打賭丟四次骰子、至少會出現一個6點而賺了大錢。（現在我們知道他贏的機率是51.8%，高於50%，大數法則可以保證長期下來他會獲利。）之後他試著修改下注規則，說要擲兩顆骰子24次、至少要出現一對6點才算贏。他的理由是，出現一對6點的機率是1/36，4/6就等於24/36，所以兩種賭法的機率是一樣的，那他可以繼續贏下去。但第二種賭法能贏的真實機率，等於100%減

去35/36連乘24次，最後得到的答案是49.1%。這比50%低了一點，這位可憐的爵士也開始虧錢。過去讓他獲利的大數法則，到頭來也讓他受害。

默勒爵士很困惑，於是他聯繫法國的數學家兼哲學家布萊茲・帕斯卡（Blaise Pascal）。帕斯卡又針對這一點和其他相關問題，與傑出數學家皮耶・德・費馬（Pierre de Fermat）通信，後者是法國土魯斯市（Toulouse）的政府官員，也是律師，後來提出了讓人聞之色變的費馬最後定理（Fermat's last theorem）。從現在來看，他們之間的書信往來，是最早有人認真嘗試以數學來研究機率和不確定性。

畢竟，賭場也不笨：奇特的花旗骰

有一種很奇特的賭場賭法，特殊之處在於其複雜的規則和有趣的機率，這種賭法叫花旗骰（craps）。花旗骰的玩法，是不斷擲一對普通的六面骰子，每一次都去看總和是多少。如果總和是2、3或12，賭客輸。總和等於7或11，賭客贏。假如總和是其他數值（比方說4），這個值就變成賭客的「點數」（point）。之後，這位賭客會重複擲這一對骰子，擲到總和等於點數（出現這種情況時，賭客贏），或者等於7（出現這種情況時，賭客輸）。

總而言之，第一次擲骰子時，出現2、3和12是不好的結果，7和11是好結果。如果出現其他的總和，則會啟動一個比賽，在丟出7點之前要不斷重複，直到丟出點數和。舉例來說，

假設賭客投注10美元而且贏了，他再賺得10美元。如果他輸了，他這10美元的賭資就沒了。

多數人第一次聽到規則時，直覺反應都認為花旗骰是奇特且複雜的賽局。那這些規則從何而來？花旗骰的源頭，是一種更古老的英式擲骰子遊戲的法國變化版，並在美國的河船上及賭場裡，慢慢精修成現在的形式。（據信，這種賭法的名稱「craps」是法國人把英文字「crabs」發錯音的結果，後者口語上是指丟出一對1點。）但為何會有這些特別的規則？

要回答這個問題，我們要先考慮機率（你猜到了）。從大數法則當中，我們已經理解了賭場的基本原則：每種賭法都必須稍微有利於賭場，以保證賭場長期能獲利，但偏向的幅度又不能**太**大，不然的話，就不會有人想賭了。那麼，花旗骰賭局是如何設計的？

從表3.4當中，我們知道第一次擲骰子時丟出7點或11點（賭客馬上就贏）的機率，等於8/36，約22.2%。另一方面，第一次丟骰子丟出2、3或12的機率等於4/36，約為11.1%。因此，第一次丟骰子時，身為賭客的你，贏的機率比輸的機率高了兩倍。

到這裡還不錯。但其他66.7%的時間，你擲出的點數和會是其他數值，那會如何？這裡就複雜了，因為第一次擲出的數值會變成你的「點數」，你的輸贏機率取決於你的點數是多少。現在，要計算贏的機率，就要算出不同點數值下，複雜的不同總點數和機率，再乘上你知道你的點數之後贏的機率。

把所有數值乘在一起並算出總和之後，結果是，總體而言，在花旗骰中會贏的機率為244/495，約為49.2929%。換言之，在花旗骰賽局中要贏，還比一半對一半公平賭局的贏面**稍低**。

　　這表示，如果你拿10美元賭花旗骰，有49.2929%的時間會贏得10美元，其他50.7071%的時間會損失10美元。而你平均能贏到的錢是：10美元×49.2929%減去10美元×50.7071%，等於−0.141美元。所以說，如果你一再下注賭花旗骰，長期下來，每賭10美元就會損失14美分。情勢只對你稍稍不利，但大數法則指出，這對賭場來說已經夠有利了，長期下來賭場會贏到很多錢（賭場所有的賭客加起來，會居於下風）。

　　我們現在看到花旗骰的規則是如何設定的。如果勝率稍微偏向賭客，賭場就會輸錢，最後必須更改規則。但要是勝率太有利賭場，賭客就會很沮喪且不再賭了，賭場終究也必須改變規則。到最後，經過相當的調整，規則就會固定下來，賭客贏的機率稍低於50%，保證賭客可以享受賭博的樂趣，賭場也可以賺到穩定的獲利。

　　花旗骰賽局還有另一個有趣的面向：觀眾也可以插上一腳。其他的賭客看著主要的賭客丟骰子，也可以賭各種不同的「額外押注」（side bet）。額外押注的結果，取決於賭客丟出的骰子點數。（就是因為這樣，我們才會聽到賭場的花旗骰賭桌旁，傳出熱烈的歡呼聲。觀眾可不是在替賭客歡天喜地，反之，他們會開心，是因為自己的額外押注有賺。）

　　有一種額外押注的賭法特別有意思（至少對機率學家而言是

如此）。觀眾可以賭丟骰子的賭客會輸。這通常稱為賭「不過關」（Don't Pass Line）。規則是，如果你花10美元賭不過關、而賭花旗骰的賭客輸了，你就再拿10美元。若賭客贏了，你的10美元賭金就泡湯了。

賭賭客會輸看來或許很粗魯、甚至很惡劣，但對客人來說，似乎是賺走賭場穩穩可入袋的利潤的大好機會。如果你和賭客對賭，基本上就是在賽局中站上了賭場的位置。既然賭場長期一定會贏，那你何不從同樣穩當的利潤當中分一杯羹？

先別丟掉這本書，衝進最近的賭場。你可能會懷疑，當中或許有個陷阱。在賭「不過關」時，要注意一條微妙的額外小規則。如果賭客第一次擲的時候就丟出12，那賭客就輸了（當然）。然而，在這種特殊的情況下，就算賭客輸了，你下注賭的「不過關」也不算贏，你的賭注會被視為平手：你的10美元賭金會還給你，但你也不能再拿10美元彩金。

你可能覺得，那也沒什麼。畢竟，賭客在第一次擲骰子時丟出12點，機率也僅有1/36。而且，就算真的丟出12點，你其實也沒有輸，你只是把錢拿回來，然後再賭一次。那又會造成什麼損失？

很遺憾，加上這條特別的規則，就足以改變「不過關」賭注的偏向，從本來有利於你，變成有利於賭場。加上這條規則變更，代表每36次中，你會有一次拿不到你本來可以贏得的10美元。因此，這讓你平均能贏的金額少了10美元×1÷36，等於0.278美元。

27.8美分不多。但請記住，賭花旗骰時，賭客平均來說會輸14.1美分，賭場會贏14.1美分。因此，當你花10美元賭「不過關」，因為規則變更，平均來說，你會贏14.1美分減27.8美分，整體來說，平均你會輸13.7美分。

所以說，就算是賭「不過關」，情勢也對你不利。這一條小小的規則變更，就足以確保不管你是賭會贏、還是賭不過關，平均來說，你都會輸錢。不管是什麼賽局，機率永遠不利於你。

表3.5：花10美元在賭場賭不同賽局的平均損失

賭局	平均損失
輪盤	$0.526
基諾彩*	$2.51
吃角子老虎	$0.50到$1.20
花旗骰	$0.141
不過關	$0.137

*特別聲明，這是指上述的基諾彩玩法。其他賭法的結果可能不同。

當然，花旗骰賽局中還可以下不同的額外押注，這些賭法有著很奇特的名稱，比方說：不來注（Don't Come bet）、提議注（Proposition bet）和難注（Hardway）。有些很複雜，不見得能輕鬆算出機率。

但即便不去算任何機率，你大可相信，平均來說，每一種賭法都會讓賭客輸錢。畢竟，賭場也不笨：他們會聘用顧問，確定

每一次的賭注都稍微對自己有利。憑這一點，才能保證他們長期能穩定獲利。

下注的誘惑

「趕快下注！」拉客的人大喊，「善用賭博的神奇賺大錢。先生，賭點輪盤好嗎？問我為何？上星期有人賭輪盤，賺了1萬美元！」

你很有禮地拒絕，說明輪盤的勝率長期不利於賭客。

「那賭基諾彩好嗎？或者花旗骰？」

你指出，你知道這些賭法的機率也不利於賭客。

「那好吧。」推銷的人繼續說，「我看你太聰明了，不適合玩這些簡單的遊戲。何不試試我們最新的賭法『轉丟拋開』（Spin-Roll-Flip-Blow）？這種賭法用很複雜的方式結合了輪盤、骰子、銅板和開球機，絕對算不出勝率。你覺得這怎麼樣？」

你環顧賭場，看著金光閃閃的裝潢、奢華的厚地毯、免費的飲料和幾百萬待遇優渥的員工，你知道，賭場業主穩穩地在賺，這必然代表他們所有的賽局都不利於顧客，至少是稍微不利。

「還是不要了。」你一邊回答，一邊走出賭場，改去跳搖擺舞。

就算你想試，也難逃大數人生

　　明白大數法則（這條原則指出，長期來說，隨機性會消失）之後，我們會注意到這條法則出現在很多生活面向。

　　舉例來說，多數人會尋求第二意見（可能去找醫生或朋友）、讀一份以上的報紙，多去找幾位營業員諮詢。為什麼？答案很簡單：任何一位醫師（或朋友、報紙、仲介）都有可能出錯、有偏見、愚笨、很古怪，或者很單純，就是當天不順利。然而，只要能找到更多的意見、事件或結果來做平均，就愈能消除隨機性，也能對得出的結論更有把握。因此，每一次你在尋求第二意見時，就是在採用某個版本的大數法則。

　　大數法則也能說明，為何只玩一次拼字遊戲的話，贏家可能是任何人，但如果一玩再玩，最出色的玩家就會脫穎而出。假如你只擲幾次硬幣，什麼結果都可能出現，但要是你丟很多次，就會得到約一半人頭一半字。如果你投資一檔股票，可能大賠或大賺，但投資很多股票，你的財富將會隨著大盤的趨勢變動。你可能在任何十字路口碰到紅燈，但是長期下來，交通號誌對每位駕駛都一視同仁。如果你在通心麵上只灑一粒鹽，它可能落在任何地方，但你一直隨機地灑，鹽粒會好好地分布在餐盤裡。每一次你呼吸，你可以很放心，室內有幾兆個氧氣分子都會圍繞在你身邊，讓你可以好好呼吸，它們不會全部都躲在床底下。在以上每一種情況中，當我們用愈來愈多的事件來做平均，就會消弭個別賭局、擲銅板，或個股變化的隨機性。

就算你想試，也很難逃離大數法則。在最近一次假期中，我和太太去了一家避冬度假村，想要暫時脫離我身為機率學家的生活。我去了一處戶外流動熱水浴池放鬆，此時我注意到，有一個化學藥品釋放器優哉游哉地漂浮在浴池中，正在釋放殺蟲劑以及誰知道還有些什麼東西。這個釋放器可能在任何時候出現在任何地方，但是，在夠多的隨機推拉與干擾作用之下，釋放器會在浴池跑透透，大數法則能保證浴池四處都噴灑了等量的殺蟲劑。我發現，就算是度假，機率理論也在我身邊浮浮沉沉。

　　長期平均原則也能套用在很多方面。我們可以看到，這說明了為何打了一個晚上的撲克牌下來，策略中的小差異會造成很大的影響。這也解釋了為何醫學研究有時可以證明某種療法優於另一種。這還可以指出，意見調查機構如何能得出結論，宣稱「這些結果的準確度，每20次中，有19次誤差範圍在四個百分點以內。」

　　那麼，大數法則可以解決每一個機率問題嗎？不行，不是這樣。事實上，關於太著重於推算長期狀況會造成什麼結果，知名的經濟學家凱因斯有話要說：「長期的觀念會誤導當前事務。長期來說，我們都死了。在狂風暴雨的時節，如果經濟學家只能告訴我們等到風雨過去之後，海洋會再度恢復平靜，那他們給自己的任務也就太輕鬆、太無用了。」

　　凱因斯的話有道理。對運動員來說，「通常」表現很好並不夠，他們尤其要在超級盃或奧運上好好表現，這些時候才是最重要的。而知道經濟環境「長期」會好轉也不夠，短期會發生什麼

事也很重要。然而，即便有這些限制，計算長期機率還是大有好處，也很有威力。從賭場到演化，從民調到撲克，大數法則讓我們更深入理解隨機性的長期效應。

04

牌桌人生選擇學
要不要和機會賭一把？

很多人似乎都不太懂隨機性。我們的生活當中充滿著不確定性，但我們樂於和機會賭一把，放大不確定性。例如，紙牌、骰子和輪盤，都是在競賽中注入不確定性，讓這些賽局更刺激、更有趣。但是，如果除了趣味之外你也想贏，那又如何？你要如何把技巧和邏輯用到機率賽局的隨機性上？

大數法則可以給我們部分答案。這條法則指出，長期來說，贏的最多的人是每一局裡最有機會贏的人。因此，在參與機率賽局時，你的目標應該是能做出相關決策並採行策略，務求提高你得勝的機率。你可能無法每一局都贏，但長期你會得到公平的獎賞。

就算是非隨機性的賽局，常常也是靠機率才贏。比方說，波士頓塞爾提克籃球隊（Boston Celtics）的名人賴瑞·博德（Larry Bird）有很多出名的豐功偉業，其中一項就是他的罰球功力了

得。博德有時候罰球可得分，有時不中。在此同時，我這個只能在校內打班際賽的彆腳學生，罰球也是有時候會進，有時候不進。那麼，我和博德有何差別？答案是，機率！在博德的籃球生涯中，他罰球的命中率是88.6%，其中包括1989年到1990年，NBA球季連續投進71球的驚人紀錄。另一方面，我罰球得分的機率不會超過50%（事實上可能低很多，但我們就別深究了）。因此，我和博德在1980年代都有在罰球投籃，而兩人會得幾分是隨機的。但是，博德成功罰進的機率比我高很多。

或者，我們來看看保齡球。保齡球冠軍約有三分之二的時間可以打出全倒，但像我這種平庸球員，全倒的機率不到三分之一。保齡球沒有傳球、防守或面對面對決這些事，每一位球員都是分別打球。因此，打保齡球就像籃球的罰球一樣，贏家和輸家之間的長期差異，也就只是機率的問題。

這是一場機率戰，隨機亂猜就弱了！

橋牌是很複雜的紙牌遊戲，有很多不同的面向，包括要花費多年才能精通的精密叫牌系統。然而，橋牌也運用到大量的機率。好的玩家知道不同可能性的成功機率，他們一向會選擇前景最看好的選項，以提高自己贏的機率。

打橋牌時，叫牌的結果決定哪一位玩家成為「莊家」（declarer）。莊家可以看到自己的十三張牌（那當然），再加上隊友的十三張牌。但是，莊家看不到其他二十六張牌，這二十六

張牌會隨機地分散在另為兩位玩家手上。莊家必須在不知道哪位對手有哪張牌的條件下，決定要打什麼牌。

一般來說，莊家得思考哪一位對手有黑桃K（在橋牌裡，K是第二大，僅次於A）。如果他猜對了，就可以善用偷牌（finesse）技巧（這是指想辦法引誘拿到牌的對手打出K，然後自己用A贏下來），贏得一墩（trick），成功地做成合約（contract）。但如果猜錯了，他就會輸一墩、無法完成合約。那麼，他應該怎麼做？

新手玩家很可能就隨機亂猜，成功的機率為50%。但專家會更謹慎，尋找線索去觀察失落的黑桃K在哪裡。如果其中一位對手叫牌時，透露出他手上有很多王牌，那他就更可能拿到K。另一方面，假設一位對手看起來手上有很多紅心，那代表他的黑桃比較少，也就更不可能拿到黑桃K。精明的玩家會仔細尋找線索，或許能把成功的機率從50%提高到60%、70%甚至更高。雖然這樣的進步幅度對於任何一手牌的影響都很小，但長期來說，這就可以在玩家當中分出強弱。

好的橋牌玩家可以提高得勝機率，但還是要克服很多隨機性。一副牌五十二張分成四手、各十三張牌，可以有很多不同的分法，排列組合的總數很大，這個數值大到超過1後面跟著28個零。當中有些牌組有利於玩家，有些不利。根據大數法則，長期下來，比較出色的玩家更常贏。然而，就算懷有一身絕技，要消除不同牌組的隨機性，也要耗費很長的時間。

要因應這個問題，認真的玩家通常會玩複式橋牌（duplicate

bridge）。這種玩法的牌會由裁判（tournament director）小心管理，而牌局中所有玩家都會坐到同樣位置（東、南、西、北家）、打同一手牌。假設在某一輪中你是北家，拿到黑桃A和黑桃Q、方塊10等等，那麼，等到另一輪換我當北家，我拿到的也是相同的牌，對抗另一隊對手。之後我可以和你比對我們的結果，看出在拿到同一手牌的條件下，誰打得比較好。隨機性有一大部分因此消失，玩家的技巧也更容易顯露出來。認真的橋牌玩家比較喜歡這個版本。此時他們能更精準衡量出自己的橋牌技藝，因為他們拿到的紙牌中的「運氣因素」沒了。但新手玩家常會發現打複式橋牌讓人更緊張，因為輸牌時不能再歸咎於拿到一手爛牌。

那複式橋牌就完全沒有運氣的成分嗎？不然。就算不同玩家打的都是同一手牌，但由於你無法得知對手的牌，在運氣的操弄之下，有些策略會比其他策略更有效。不過，複式橋牌確實大大降低了隨機性。不管是傳統橋牌還是複式橋牌，大數法則都可保證，長期來說，最出色的玩家最常贏。而如果是打複式橋牌，大數法則會更快發揮作用，比較出色的玩家會更快攻頂。

橋牌之爭

我曾經對一位相當認真的橋牌玩家說，雖然複式橋牌大多是以技巧為準，但還是會牽涉到一些運氣。他很激烈地和我爭這一點。他大聲宣稱：「複式橋牌裡沒有運氣這種事！」

「喔，現在聽我說。」我加強力道，「假設有一種偷牌策略的成功機率只有35%，所以你不打算使用。但某個比較弱的玩家還是試了，而且他剛好也成功了。」

這位認真玩家嗤之以鼻。「有個人採用勝率35%的偷牌策略，成功了，也不能代表什麼。這完全沒有意義，他只是運氣好！」

我笑了，沒說話。而這位認真的玩家慢慢才體悟到，他剛剛證明了我的觀點。

不管機率的撲克玩家，後果自負

沒有哪一種機率賽局像撲克牌這樣，引發大眾無限的想像。從《虎豹小霸王》（*Butch Cassidy and the Sundance Kid*）到《超級王牌》（*Maverick*），很多描寫美國大西部的電影裡都有撲克牌攤牌的情節。心理操弄、男性本色、強硬措詞以及偶爾出現的六發式左輪手槍，這些加加起來，讓撲克極具娛樂價值。這種描寫撲克的手法，側重的是賽局的競爭、心理與金錢面向，這些都很重要。遺憾的是，當中忽略最重要的一部分：機率。

在很多電影場景中，英雄都是靠拿到同花大順贏下最後一手。這是指，花色相同的10、J、Q、K和A。不過，真的有可能拿到這種牌嗎？在現實中，發出五張牌的話，會出現接近兩百六十萬種組合，當然，其中只有四種是同花大順（每種花色一

組）。所以說，英雄在最後一手真的能拿到同花大順的機率，是兩百六十萬種裡有四種，換算下來大約是六十五萬種裡有一種，極為稀有。還有，我們把流行娛樂放一邊，任何強悍語言或威脅（前提是沒有直接了當的作弊），都無法改變機率。不管是最強的牛仔、最精明的紙牌老手，還是最嫩的初學者，每一個人拿到五張同花大順的機率都是一樣的。

當然，撲克有很多種不同的版本，包括可以有萬用牌（wild card）、可選額外的牌、有機會換牌，諸如此類的。每一種調整會改變機率，而且，如果萬用牌夠多的話，就連同花大順都會變得不那麼少見。不過，每個人面對的機率仍是一樣的。還有，打撲克時要能贏，不能每次都靠很神奇地拿到同花大順，而是在拿到牌之後好好理解機率、並做出好決定。

如果你是打五張牌的梭哈撲克（stud poker），每一個人都會發到五張牌（沒有額外的牌、也沒有萬用牌）。假設你拿到四張黑桃，現在正在等第五張牌。如果第五張牌也是黑桃，那你就拿到同花（五張牌的花色都相同），這是一手好牌，很有可能會贏得賭金。另一方面，若第五張牌不是黑桃，那你這一手牌就很弱（在最好的情況下，會出現一對），很可能會輸。一切都要看你的第五張牌到底是不是黑桃。

你順利拿到黑桃的機率有多高？如果這一副牌有好好洗、而且沒有人作弊，任何還沒開的牌都可能是你下一張會拿到的牌。你已經有了四張牌，全部都是黑桃。現在還剩下四十八張牌，其中有九張是黑桃。這表示，下一張牌是黑桃的機率是9/48，換算

下來約為19%。機率相當低，因此，你在這個時候應該蓋牌。不過，這個決定也要由以下討論的底池賠率（pot odds；按：底池指牌局裡各玩家已投注的籌碼總額，也就是該局的總獎金數目）決定。

就這麼簡單道盡撲克的一切了嗎？非也。在很多撲克賽局中，某些牌發的時候是要開牌的，每個人都看得到。舉例來說，在通常的五張牌梭哈撲克裡，每個人都看得到其他玩家的牌，但第一張牌除外。讓我們再以剛剛的同花為例，你已經拿到四張黑桃，正在等第五張牌。假設牌桌上有你和其他九位對手，他們都有三張攤開的牌。這樣一來，你又多知道另外二十七張牌，只剩二十一張牌沒有開出來。如果你的對手攤開的牌中沒有黑桃，那麼，就有九張黑桃還沒開出來。在這種情況下，你的第五張牌是黑桃的機率就會提高到9/21，換算下來是43%，這就比之前的19%高很多。反之，如果其他人手上的二十七張牌中，有七張黑桃，那麼，就只剩兩張黑桃，因此你拿到同花的機率就降低到2/21，即9.5%，比之前低很多。

再舉一個例子，如果你手上拿到的牌是5、6、8和9。只要下一張牌是7，你就拿到順子，即拿到五張連號的牌，這是一手可能會贏的好牌。那你的第五張牌是7的機率有多高？由於一副牌裡只有四張7，因此，如果你還沒有看到其他的7，那你的機會就是4/48，大約8%，很小。即便你已經知道另外二十七張牌是什麼，而且其中沒有任何一張7，但你的機率仍僅有4/21，也就是19%。你此時的狀況叫「缺裡張順子」（inside straight draw；按：指中間還缺一張牌才能組成順子），你順利拿到想要的牌

的機率不太高。

另一方面，如果你手上拿到的牌是5、6、7和8，那麼，拿到4或9都可以組成順子。這一次，你成功的機率就高了兩倍。這稱為「缺邊張順子」（outside straight draw；按：指前或後還缺一張牌才能組成順子），所有屬害的撲克玩家都知道，這時成功的機率比缺裡張順子高了兩倍。

因此，當電影裡的撲克玩家忙著咆哮、威脅和嚼菸草，真正的撲克玩家則是謹慎地檢視他們看得到的每張牌，包括對手「不重要的」棄牌。他們使用這些資訊，以計算並更新自己的成功機率，做出更好的決策。當然了，虛張聲勢、「小動作」和擺出「撲克臉」等心理因素，也很重要，但認真的撲克賽局以機率為核心，不管機率的玩家後果自負。

至尊大對決

你正在玩五張牌梭哈撲克，你拿到的前四張牌中有三張Q。在此同時，對手開出的牌有兩張5和一張4，還有一張壓著的牌。他下的賭注很大，因此你在想，他那張壓著的牌很可能又是一張5。即便如此，三張Q還是可以贏三張5，因此，你不太擔心。唯一的問題是，如果他的第五張牌又拿到一張5或一張4，那他這手牌就會更好，贏過你的牌。

對手又放下1,000美元，挑釁著要你跟。怎麼辦？你有可能會贏他，但如果他的最後一張牌是5或4，又該如何？

你開始算機率。就算把對手押著的那張牌當成是5（有可能不是），那也還有四十四張牌沒有開出來（52−8）。在這當中，僅有四張牌（最後的那一張5，和另外三張還沒有發出來的4）會讓對手這一手牌變好。你馬上算出，對手的勝率僅為4/44，也就是9.1%，沒什麼好怕的。

此外，你注意到你「不重要的」第四張牌（除了那三張Q以外的牌）其實就是一張4！這樣一來，還沒有開出的牌中，有利於對手的牌就從四張變成三張。現在，對手能打敗你的機率僅為3/44，那就是6.8%。（還有，就算他真的拿到一張5或4，你也還有很低的機會能拿到一張Q或4，讓你這手牌變好。如果是這樣，你還是會贏。）基本上是十拿九穩了。

對手對你怒目相視，試著威嚇你要你蓋牌。但你歡欣地以笑容相對，跟進他的1,000美元賭注（甚至還加碼）。到頭來，他最後一張牌是8，你就這樣一路笑著到銀行。

理解撲克的機率後，你要拿它們怎麼辦？如何決定要蓋牌、叫牌還是加賭注？這是很巧妙的問題，可以用一整本書來講怎麼做出最好的決定（也有人寫了）。然而，基本的原則是看底池賠率。

原理是這樣的。以上面的第一個順子範例來說，如果你判定有19%的機率會贏。（這是假設你拿到順子的話一定會贏，但實際上不必然如此，但目前我們就先這樣假設。）再進一步假設賭注是10美元，而現在底池已經有了300美元。（當然，這300美

元中，有些是你原本拿出來的錢，但這並不重要。在這個時候，所有的錢都還在底池，並不歸你。）問題是，你應該要跟著賭10美元，還是要蓋牌？

如果蓋牌，那就不用多拿10美元出來，但也拿不到底池300美元中的任何一毛錢，全劇終。假如跟進，那你馬上就要拿出10美元。你有19%的時間會贏走底池的300美元，再加上你又投注的10美元。310美元的19%為58.90美元，這表示，**平均而言**，跟進可以賺到58.90美元。58.90美元比10美元多很多，跟著拿出10美元繼續賭下去，符合你的利益。當然，你有81%的時候會輸掉這10美元，但在其他19%的時間裡，你會贏得很大一筆錢。整體來說，這值得你冒著風險繼續賭下去。出現這類情況時，你繼續賭下去會從撲克賽局賺得更多的利潤，高於你蓋牌。

反之，假設底池只有30美元。在這種情況下，**平均而言**，你會贏得區區40美元中的19%，也就是7.60美元，低於你留在賽局中的成本10美元。因此，在這種時候，你應該蓋牌。這完全是底池賠率的問題。

如果你一直追蹤最新的機率和底池賠率，就能做出更明智的決策，長期在撲克牌局上的表現也會更好。另一方面，從電影的攤牌場面到世界撲克巡迴，都有人在某些撲克牌局的某一手牌中砸下重注。通常他們會在某一手牌上「全押」，賭上全部的籌碼（可能有百萬美元，甚至更多）。某些人會佩服這樣的豪賭，覺得這些人展現了勇氣、力量與自信，但我不會。我認為，任何一

次把所有錢都賭掉的人，是在試著避開時間的考驗，從而避免讓大數法則檢驗他真正的技巧層次。

迷人的機率心理戰

目前有一種非常流行的撲克版本，叫德州撲克。每一位玩家會發到兩張蓋起來的牌，只有自己看得到。在這一手牌當中，會在賭桌中間放上五張攤開的牌，這是所有玩家的公共牌。順序是先發三張攤開的牌（這叫做翻牌〔flop〕），然後再發一張（這叫做轉牌〔turn〕），接下來發最後一張（這叫做河牌〔river〕），每一次發牌都要下一輪賭注。完成下注後，沒有蓋牌的玩家就可以從他們能看到的七張牌（自己手上兩張蓋起來的牌，再加上桌上五張攤開的公共牌）中，選擇任何五張牌。偶爾，五張攤開的牌對每個人來說都是最好的組合，此時就形成和局（tie）。但多半時候，贏家是靠自己手上的牌、再加上從攤開的牌中慎選三張而得勝。

德州撲克迷人有趣，這是因為，除了公共牌之外，其他的牌全都會蓋起來，誰都看不到。這樣一來，你就很難猜對手有什麼牌，不確定他們拿到的牌是好是壞。這助長了很多虛張聲勢、猜測、心理戰等等，事實上，很多認真的玩家會戴上太陽眼鏡，想盡辦法避免被「判讀」或洩漏出任何蛛絲馬跡。但就算是德州撲克，機率對長期的成功來說仍十分重要。

發完前兩張牌之後，好的玩家就會開始評估自己的勝率。牌

面大的牌（尤其是 A 和 K）會比牌面小的牌好；同樣的花色（之後可以組合成同花）會比不同的花色好；可以配成對會比不成對的好。此時不管拿到什麼牌都還在未定之天，不可太自信，但已經可以收集一下資訊感受機率了。

觀賞世界撲克巡迴賽的人會注意到，即便在每個人都只有拿到兩張牌的早期階段，螢幕上有時候就已經打出每一位玩家會贏的機率。換言之，以所有玩家的前兩張牌為依據，電視台可以明確算出每一位玩家最後贏得這一手的機率（假設沒人蓋牌）。

這些機率怎麼算出來的？不難，只要跑一套電腦程式，考慮到剩下五張牌的每一種可能性，然後算出各個玩家會贏的機率。這看來像是不可能的任務，但實際上並不是。一副牌五十二張，從中拿出五張牌，總共有兩百六十萬種組合，這聽起來很多，但高速電腦可以很快就算出這些可能性。此外，一旦有兩名玩家都拿到兩張牌，那麼，一副牌裡就僅剩四十八張，五張牌的排列就減至一百七十萬種。因此，只要幾分鐘、甚至幾秒鐘，就可以顯示出不同的兩張牌組合下的勝利機率表。電視螢幕上顯示的就是這些表上的機率。

就算沒有電腦、表格或電視，你也可以了解一下自己贏的機率有多高。舉例來說，假設你拿到兩張牌面很小的紅心。因為你的牌很小，之後，牌面大一點的、配成對大一點的，都可以贏你。但如果五張攤開的牌裡有三張以上的紅心，你可以組成紅心同花，有可能會贏。那你組成紅心同花的機率有多高？

你只看得到自己的兩張牌，這副牌裡還有五十張你看不到，

其中有十一張是紅心，三十九張不是。在五十張牌中抽出五張牌，總共的組合數有211萬8,760種，每一種出現的機率都一樣。不同的組合中拿到的紅心牌張數也不一樣，如表4.1所示。

表4.1：當你手上有兩張紅心，再拿到紅心牌的數目與機率

紅心牌張數	組合數	機率
0	575,757	27.2%
1	904,761	42.7%
2	502,645	23.7%
3	122,265	5.77%
4	12,870	0.61%
5	462	0.02%
總數	2,118,760	100%

要組成紅心同花，你還需要三張紅心。因此，你能成功的機率等於表上再被發到三張、四張或五張紅心的機率總和，答案是6.4%。機率不高，如果對手賭很大，不值得一搏。

另一方面，如果你在牌局中留的時間夠長，而且讓你開心的是，前三張翻牌中有兩張是紅心。現在你的前途更光明了，在最後兩張要打開的公共牌中，只要多一張紅心就好了。那麼，最終成功機率有多高？現在你總共可以看到五張牌（兩張在你手上，以及三張翻牌），裡面有四張紅心。你看不到的牌有四十七張，裡面有九張紅心。要從四十七張牌裡挑兩張，可能的組合有

1,081種，在這當中，有36組裡面有兩張紅心，另有342組裡有一張紅心。因此，能組成紅心同花的組合總數為378/1,081，那就是35%。聽起來很棒！如果你拿到四張紅心，之後還會發出兩張牌，那你組成紅心同花的機率是35%。只要底池賠率很合理，你應該繼續賭下去。

以這個範例來說，假設轉牌（也就是第四張要打開的公共牌）不是紅心。現在，你只剩一個機會組成紅心同花。在四十六張看不到的牌中，有九張是紅心。這個時候，表示你成功的機會是9/46，也就是19.6%，低了許多。你可能想、也可能不想蓋牌，這就要看賭注的高低、還剩下多少機會，以及你認為對手的牌有多好而定。

當然，坐在撲克牌桌旁，要計算出所有的機率是很困難的事，但你還是可以使用各種經驗法則，算出近似的機率。假設你手上有四張紅心，希望最後兩張打開的牌（轉牌和河牌）中，至少有一張紅心。你知道有四十七張未知的牌，其中有九張紅心。因此，下一張牌是紅心的機率是9/47。之後還要再發兩張牌，得到至少一張紅心的機率大概會高兩倍，約為18/47。（事實上，18/47等於38.3%，非常接近真正的機率35.0%。會出現誤差，是因為重複計算**兩張**牌都是紅心的機率，後者出現的機率為36/1,081，也就是3.3%。）現在，18/47低於一半，但高於三分之一。所以，你拿到另一張紅心的機率相當高，但還是不到一半。把這項機率觀察結合你看到的底池賠率，再加上適度的心理戰術，你可以在更有信心的條件下，決定下一步該怎麼走（蓋

牌、叫牌還是提高賭注）。

簡單算一下機率，再加上一些經驗法則，就可以讓你知道這一手牌贏的機率有多大。並且，綜合考量底池賠率，這種思考模式可以大大強化你在打撲克牌時所做的決策。機率理論無法完全取代撲克牌局中的虛張聲勢和心理戰，但一定可以幫上忙。

決勝黑傑克

賭場裡還有一種很受歡迎的賭法稱為黑傑克，也就是通稱的21點。玩家要不斷地決定要再拿一張牌（稱為拿牌〔hit〕）、還是不要（稱為停牌〔stand〕）。玩家一停牌，莊家也一次拿一張牌。到最後，要比較玩家和莊家的牌面（王牌都算成10，A看情形可算成1或11。）總數最接近、但又不超過21的人，就是贏家。舉例來說，如果你手上有一張K、6、3和A，你的總數是20。如果莊家有一張Q、5和4，他的總和是19，這一輪你贏。

21點的規則會因為賭場不同而有所差異，但通常包括以下幾項：

- 在你還沒決定要拿牌還是停牌之前，就會看到莊家的第一張牌。
- 如果你和莊家的點數都沒有超過21，總數高的贏得賭注。
- 平手就是平手。如果你和莊家的總點數一樣，則退還你的

賭金。

- 如果你拿到黑傑克（指前兩張牌加起來是21，例如一張1和一張Q），那麼，不管莊家的牌是什麼（除非莊家也拿到黑傑克），你可以拿回賭金的一‧五倍。

- 如果你想要的話，你也可以選擇不同的賭法，例如：分牌（split pair），這是指如果你前兩張牌拿到相同的點數時，你可以分開來，打兩手不同的牌。雙倍下注（double down），這是在你拿到前兩張牌之後，你可以下雙倍的賭注，之後只能再拿一張牌。保險（insurance），這是指如果莊家一開始就拿到一張A，那你可以賭額外押注，賭他們下一張牌會是10或是王牌。投降（surrender），指你馬上放棄，然後輸掉賭注的一半。

- 在此同時，莊家則沒有選擇，在總點數達到17以上之前都要拿牌，到了17之後就要停牌。（在某些賭場，如果莊家拿到的是軟17點〔soft 17〕，例如A加6或是A加4加2，那就還要再拿一張牌。）

乍看之下，這些規則非常公平。在不超過21點的前提下，誰的點數大就贏，打和時也得到公平的待遇。此外，玩家還有特別的優勢，比方說拿到黑傑克有特別的彩金，有額外的下注機會（這是自由選項），但莊家沒有這些選項，必須根據事先規定的策略打牌。總而言之，這聽起來對玩家有利，而不是莊家。但每個地方的賭場都從21點牌局中，賺到相當可觀的利潤，這怎麼

可能？

當然，其中的巧妙就是，若玩家爆牌（bust）、超過21點，那麼，不管莊家的牌是什麼，他都輸。換句話說，如果兩邊都爆牌（或者說，如果賽局繼續的話會爆牌），那就算莊家贏。這是唯一有利於賭場的規則，但已經足以讓賭場財源廣進。

21點牌局雖然給玩家多種選擇，但重點在於何時拿牌與何時停牌。顯然，如果你的總點數為11或更小，你會想拿牌。假如是20或21，你會想停牌。但舉例來說，要是你的總點數是15，那又如何？在這種情況下，假設你拿牌，你可能會拿到5或6，最後拿到一手好牌。另一方面，你也可能拿到一張7到K，然後爆牌。你應該怎麼做？

基本原則和任何紙牌賽局一樣：所有還沒看到的牌都有可能是下一張牌。但是，這裡有一個差異：賭場通常都會洗好幾副牌來玩21點，可能一次洗六副或更多副，而且會常常洗牌。所以，之前看到的牌，幾乎不影響接下來可能情況的機率。此外，多數賭場明文禁止玩家計算到目前為止發出的牌，若被抓到做紀錄，也會被趕出場。（你有可能利用加強記憶的訣竅，知道剩下的大點數和小點數牌的機率，某些老練的玩家確實也因此成功了。但隨著賭場使用愈來愈多副紙牌，而且更常重新洗牌，這會漸漸沒用。）因此，目前，我們假設在21點牌局中，接下來出現從A到K任何一張牌的機率都是相等的，跟之前出現過什麼牌沒有關係。

假設你在賭場裡賭21點（用很多副牌），你手上拿到一張J

和一張8（總點數為18）。接下來，你可能拿到從A到K等十三張牌中的任何一張，其中十張（4以上的牌面）會讓你爆牌。算下來，你爆牌的機率為10/13，也就是77%，這太高了。因此，最好是這時候就停牌。

如果你在18點時停牌，接下來會怎麼樣？之後，莊家必須拿牌，一直到他手上的點數來到17以上，不管你手上是什麼牌都一樣。整體來說，莊家長期下來的手牌之和（用很多副牌時）的出現機率，如表4.2所示：

表4.2：長期來看，21點莊家出現各點數和的機率

莊家最後的點數	機率
17	15.47%
18	14.76%
19	14.00%
20	18.50%
21	9.55%
爆牌	27.73%

因此，當你手上的點數為18，如果莊家最後是17或爆牌，你會贏，贏的機率共約43%。若莊家也是18點，你們就打和，機率約為15%。要是莊家拿到19、20或21點，那你就輸，機率共約42%。因此，你在拿到18點時停牌，基本上是讓這個局的結果更五五開。事實上，現在還稍微有利於你。如果你繼續拿牌

的話，馬上爆牌的機率是77%，相比之下，停牌的結果好多了。

除了這些考量之外，你還要很小心注意到其中一張牌，那就是莊家的第一張牌（打開的明牌），這會大大影響莊家最後可能會出現的結果。根據第一張牌的情況，長期來說，莊家最後總點數（以很多副牌來賭）的機率，如表4.3所示。

表4.3：根據第一張牌，21點莊家得到各點數的機率

第一張牌	17	18	19	20	21	爆牌
A	13.41%	13.41%	13.41%	13.41%	36.48%	9.89%
2	14.64%	14.03%	13.37%	12.66%	11.90%	33.41%
3	14.16%	13.59%	12.98%	12.32%	11.61%	35.33%
4	13.68%	13.15%	12.60%	11.97%	11.31%	37.32%
5	13.19%	12.70%	12.17%	11.61%	10.99%	39.33%
6	12.48%	12.03%	11.54%	11.01%	10.44%	42.50%
7	38.50%	9.51%	9.05%	8.56%	8.03%	26.34%
8	14.31%	37.39%	8.39%	7.94%	7.45%	24.52%
9	13.28%	13.28%	36.36%	7.36%	6.91%	22.82%
10／王牌	12.31%	12.31%	12.31%	35.39%	6.39%	21.28%

表4.3顯示，莊家所得結果的機率大大取決於第一張牌。A有很大的彈性（因為可以算成1或11），爆牌的機率降到不到10%，因此莊家在21點牌局中贏的機會很大（下一張牌有可能是10或是王牌）。另一方面，如果一開始拿到一張6，莊家爆牌

的機率就大大提高為42.5%（如果6之後是一張10或王牌，那莊家拿到的點數就是16，這非常有可能爆牌。）對照之下，假設一開始拿到的是7，那就很有機會變成17。一開始拿到9，很有機會變成19，依此類推，因為接下來拿到10或王牌的機率很大。

我們要如何運用這些知識？假設你拿到一張J和一張3（加起來的總點數是13），莊家拿到的第一張牌是5。你要拿牌還是停牌？如果你拿牌，結果拿到9、10或J、Q和K，那你就會爆牌（並且輸掉牌局），發生這種事的機率是5/13，也就是38.5%。除此之外，你可以讓這手牌變得更好，但不一定好到能勝過莊家。整體來說，如果你多拿一次牌，那你贏的機率就要看你接下來拿到什麼牌，如表4.4所示。

表4.4告訴我們，贏的機率是以不同牌面下贏的機率相加，你只拿一次牌，整體贏的機率是33.96%，另有4.67%的機率打和。

在此同時，當莊家拿到的第一張牌是5，這不算是好的開始。我們從表4.3中可知，現在，莊家爆牌的機率達39.33%。因此，就算你手上的總點數是不怎麼樣的13點，如果你停牌的話，還是很有機會贏（39.33%）。

停牌贏的機率39.33%，高於多拿一次牌贏的機率33.96%（甚至也高於贏、再加上和局的機率38.63%）。因此，如果你拿到一張J加一張3，而莊家的第一張牌是5，整體來說，你停牌會好過試著用拿牌來強化這一手牌。

表4.4：玩家「J加3」不加牌與莊家「5」對決的機率總覽

下一張牌	機率	總點數	贏的機率	和的機率
A	1/13	14	39.33%	0%
2	1/13	15	39.33%	0%
3	1/13	16	39.33%	0%
4	1/13	17	39.33%	13.19%
5	1/13	18	52.52%	12.70%
6	1/13	19	65.22%	12.17%
7	1/13	20	77.39%	11.61%
8	1/13	21	89.01%	10.99%
9	1/13	22	0%	0%
10／王牌	4/13	23	0%	0%
總計：			33.96%	4.67%

　　審慎認真的21點玩家，會詳細做這些計算，跑電腦模擬程式，算出很多不同的機率。他們會得出在不同情況下，能讓成功機率達到最大的「基本策略」。這套策略會詳細規定何時分牌、何時雙倍下注、何時拿牌與何時停牌。（用這套策略打牌會讓賭場的優勢僅略高於0.5%，但即便是這樣，長期來說你還是輸錢。）基本策略中包含一條規則：如果你的總點數為13到16，沒有任何要算成11的A，而莊家的第一張牌為2到6，那你就一定要停牌。我們舉的J加3的例子就是這樣：如果你拿牌的話，可能會讓這一手牌更好，但你也可能爆牌。整體來說，最好是停牌，並期待爆牌的是莊家。

「獲勝」這檔事，急不來

了解隨機性，可以讓你在機率賽局中提高贏的機會，但要真正成為贏家，最終需要的是耐心。

大數法則說，**贏的機率最高的人，長期來說會贏最多**。這不代表你每次都會**贏**，只是說如果你一再、一再地參與賽局，你會贏的比較多。一旦你找出能提高獲勝機率的方法，你可能需要賭**很多次**，你的致勝之道才能發揮作用。（同樣的考量也適用於股市投資：要成功，不一定要你持有的股票全部都漲，只要平均有漲就好了。）

可惜的是，有時候你無法選擇一再重複，在某些情況下，你只能讓你的贏面達到最大，然後去冒風險。

葡萄牙郵遞區號謎題

去年，一位由我督導的研究人員返回故鄉葡萄牙。臨走之前，他辦了一場讓大家很開心的惜別晚會，派對上全都是可口的葡萄牙美食。

在活動當中，他和他的伴侶辦了一場很簡單的競賽：猜一猜他們在葡萄牙新地址的郵遞區號。他們說了，郵遞區號介於1000和9999之間。猜的數字最接近的人，可以得到小獎品。

我們開始傳一張單子，隨賓客寫下自己喜歡的號碼、範圍中間值的號碼，或者某些隨意選擇的號碼。而我信誓旦旦地

想，使用機率觀點，我可以得出更明智的答案。

我決定先退一步，讓其他賓客先猜。最後，輪到我了。我檢視清單上的猜測結果，發現沒有數字落在5000與7440之間。我想，啊哈，這真是好大的空白區間。只要我把猜測放在這個區間的中間，就會與其他人的猜測拉開距離，從而提高我贏的機率。於是我選擇6220，也就是這個區間的中間值。

我坐回去，覺得非常得意。派對上有20位賓客，如果我隨意選一個號碼，贏得獎品的機率僅有二十分之一，也就是5%。但藉由明智地選擇空白區間的中間值，假設答案介於5611到6829，我就會贏。假設所有介於1000到9999的數字是正確答案的機率相等，我有13%的機率會贏得比賽，比一開始的5%高了兩倍以上。我運用機率觀點來提高我的勝率。

拖了很久之後，主人終於宣布答案，但……我輸了！主人準備的獎品，被另一個純粹靠隨意猜測的人拿走了。在面對這一次擊潰我的大敗，我用我的知識自我安慰，說如果類似的比賽連續進行100次，我每一次都採取相同的策略，大數法則會發生作用，我在100次的比賽裡會贏13次，比其他競爭對手多。

自從那次派對之後，我一直很努力再多找99位葡萄牙研究人員，要他們再度舉辦類似的猜郵遞區號遊戲。如果你認識這樣的人，煩請告知。

要在**機率遊戲**中脫穎而出，需要三個元素。首先，你要仔細

研究賽局，找到**平均而言**能贏的策略。第二，你必須一而再、再而三重複你的策略。第三，你必須耐心等候，靜待大數法則最終帶你走向勝利。

05

最邪惡的謀殺
搞懂生活中的統計數字

　　殺戮最能吸引公眾的注意力。罪行愈是令人髮指，受害者愈是看來無辜，我們就會把更多的注意力放在莎士比亞所謂「最邪惡的謀殺」（murder most foul）上面。謀殺更勝於車禍、疾病、飢餓甚至於墜機事件，也更能觸動人們的心弦，讓大家害怕「這種事也可能發生在我身上」。

　　媒體並沒有忽略人們對謀殺的著迷，不斷地在頭版登出謀殺相關的報導，不只事發當日，連之後的幾個星期，一旦兇手遭到逮捕、有新的目擊者、上了法庭或是有其他（可能不太重要）的發展，都還看得到。娛樂圈也不例外，很高比例的電影和電視節目都以謀殺為主題。

　　警政單位也沒忽略我們對於謀殺的關注，他們並不怯於強調社會中的暴力犯行，並提到他們需要額外的資源來打擊犯罪。多倫多的警察局長最近宣稱，「持槍的幫派分子肆意作案，我們很

難應付社會中氾濫的槍枝、毒品與幫派勢力。」

　　政治人物有時會為了勝選，去助長人們對犯罪的恐懼。1995年安大略選舉，勝選方就把政策重點放在「愈來愈多的犯罪暴力事件」，對手政治人物也馬上應和，宣稱犯罪暴力事件增加，而且暴力程度嚴重到愈來愈難用言語形容。看來，媒體、警政、政治人物和普羅大眾都同意，暴力犯罪正在不斷增加。但，真的如此嗎？

就算你敢說，也不見得是事實

　　從機率觀點來說，就算你敢說出來，也不見得是事實。即使媒體和政治人物為了私利而誇大犯罪，這也不代表犯罪就真的增加了。而要確定是不是真的，唯一的方法就是查核事實。

　　有很多來源都可取得謀殺以及其他罪行的資料，包括政府機構、警方紀錄以及公共衛生體系。事實上，這些來源的數據不完全一致，舉例來說，某些死者在當下被認為是意外致死（因此，在公衛紀錄中也是這樣登錄），但之後又被歸類為謀殺。然而，即便粗略地掌握到了謀殺犯罪的實際數據，也很難說就代表了真正的狀況，比社會上那些大聲嘶吼的標題、氣勢洶洶的政客，和讓人恐懼的主題電影高明不到哪去。

　　就像面對任何數據一樣，重點是要正確使用犯罪統計數據，並了解「數目」（count）和「比率」（rate）的差異。舉例來說，2000年，法國有1,051件謀殺案，立陶宛僅有370件。啊哈，你

可能會得出結論，指出若以謀殺為標準，立陶宛是很安全的國家，法國則是比較危險的國家，是吧？

　　實際上，錯了。2000年，法國的人口數為5,922萬5,683人，立陶宛則僅有362萬756人，僅是前者的十六分之一。因此，2000年，法國的謀殺案比率為5,922萬5,683人中有1,051件，立陶宛的比率則為362萬756人中有370件，每9,786人就有一件謀殺案，比法國高很多。換言之，2000年時，一個住在立陶宛的人（隨機選取）成為謀殺案受害者的機率，比住在法國的人（隨機選取）高了將近六倍。這個範例要說的是，去看謀殺案的總案件數並無意義。反之，我們必須要考慮比率，也就是說要把謀殺案的件數除以對應的人口數。

　　這樣的比率可以寫成每10萬人有幾件，因此，法國在2000年的謀殺率為1,051件謀殺案除以5,922萬5,683人，再乘以10萬（$1,051 \div 59,225,683 \times 100,000$），算出來的答案是1.78。對照之下，立陶宛的對應比率為10.22。表5.1顯示其他國家的數值。請注意，謀殺案件數最多的國家，不見得謀殺案比率最高。

　　我們在比較不同的城市、州或其他司法管轄區範圍時，也是一樣。舉例來說，從1998年到2000年間的三年內，英國倫敦有538件謀殺案，荷蘭阿姆斯特丹則僅有89件。但倫敦的人口超過700萬人，住在阿姆斯特丹的人則不到75萬。如果把謀殺案件數轉化成每年每10萬人的謀殺率，阿姆斯特丹的數值為4.09，倫敦的數值僅有2.38，顯然更安全。同樣的，在1998年到2002年期間，紐約州每年平均有930件謀殺案，南卡羅萊納州平均僅有

表 5.1：2000 年，某些國家的謀殺案件數目與比率

國家	人口	謀殺案件數	每 10 萬人的比率
立陶宛	3,620,756	370	10.22
愛沙尼亞	1,431,471	143	9.99
美國	281,421,906	15,980	5.53
蘇格蘭	5,062,900	104	2.05
澳洲	19,360,618	363	1.87
加拿大	30,689,035	546	1.78
法國	59,225,683	1,051	1.78
英格蘭與威爾斯	52,140,200	679	1.30
德國	82,797,000	961	1.16
日本	126,550,000	1,391	1.10

282 件。但紐約州的居民將近 1,900 萬人，南卡羅萊納則不到 400 萬人。因此，紐約州對應的每 10 萬人謀殺率為 4.97，南卡羅萊納為 7.07。麻州則是 2.19。換言之，如果謀殺是你最害怕的事，你在紐約州會比在南卡羅萊納州安全很多，在麻州又比在南卡羅萊納州安全三倍有餘。很多人會認為這樣的說法非常讓人意外。我們已經受到制約，認定人口多的地方不安全，謀殺案的總數多就代表了比較危險。但不必然是這樣。

我們在這裡學到的是，不管是謀殺案、啤酒飲用量、汽車意外事故、百萬富翁、休閒套裝還是諾貝爾獎，針對不同人口群比較數量時，唯一能做出有意義評估的方式，就是換成比率。相反

的，比較不同人口群的實體總數，是完全失真的。

謀殺、數據與真相

人最大的恐懼，通常和認為犯罪率提高有關。我們往往會接受事物的現狀，但很不願意去想事情會變得更糟。然而，要怎麼知道謀殺率是提高、還是下降了？

我們先從檢視美國自1960年到2002年、每年的謀殺案件數開始（使用美國司法部的原始數據）。而策略之一，是列出每年的謀殺案件數，詳細數字如下：9,110、8,740、8,530、8,640、9,360、9,960、11,040、12,240、13,800、14,760、16,000、17,780、18,670、19,640、20,710、20,510、18,780、19,120、19,560、21,460、23,040、22,520、21,010、19,310、18,690、18,980、20,610、20,100、20,680、21,500、23,440、24,700、23,760、24,530、23,330、21,610、19,650、18,210、16,974、15,522、15,586、15,980、16,204。

這張只有數字的清單很難解讀，但我們已經注意到一些趨勢。剛開始、也就是1960年時，謀殺案件數相對少（不到1萬），接著爬到超過2萬4,000件的高峰，到這段期間結束前逐步下降。

用圖表來看相同的數據，能看出更多資訊，如圖5.1所示。本圖看來證實了我們最初的懷疑，亦即：謀殺案件數在1970年代中期前大幅增加，之後逐漸平緩，接下來小幅下降。

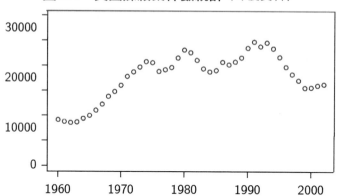

圖5.1：美國謀殺案件數統計（年度資料）

　　但，等等。我們已經知道，真正重要的是，（比方說）每10萬人謀殺案件比率，而不是單純的總數。確實，美國人口1961年時約有1.8億，到了1975年增為約2.1億，2002年則超過2.8億。圖5.2是1960年到2002年間，美國的謀殺案件比率圖示，本圖和前圖很相似，也證實了我們的想法。從1960年到1970年代中期的成長情況仍然存在，之後也下降。但這個比率在1970年代之後的下滑幅度更大了，因為比率中計入了本段期間的人口成長。

　　另一方面，1980年前後幾年以及1990年前後更多年，顯然不符合一般趨勢。那我們要如何運用本項資訊？這些數據會改變整個分析，還是說，這只代表了暫時且隨機的變化？我們實際上要怎麼知道，從1970年代中期至今，謀殺率是否有下降趨勢，如果有的話，下降幅度又有多大？

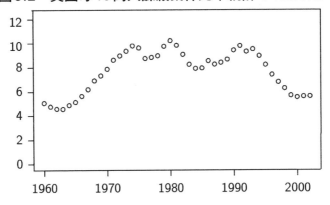

圖5.2：美國每10萬人謀殺案件比率統計（年度資料）

判斷趨勢，請跟著「迴歸」走

僅根據幾項觀察就要判斷趨勢，很容易得出錯誤的結論。統計學家為求能更精準衡量趨勢，使用了名為「迴歸」的技術。以最簡單的（線性）格式來說，迴歸可以給我們很簡單的規則，來判斷「最適線」（line of best fit）。這是指，以我們考量的多個數值來說，最接近這些數值上升或下降趨勢的那條線。這條線描述的是一條數學公式，用來決定最接近各個觀察到的數據值的那條線。（更精準來說，這條線是線與數據點之間距離平方和的最小值。）這條公式具體而明確，因此消除了任何只靠眼睛看、去畫出一條「你能畫出的最適線」所導致的偏差和主觀性。

一定會瘦下來！

今年你一定要減重！你找了新的飲食方式與一些運動方案。喔，當然，你無法時時刻刻都堅守目標，但你還是覺得很有希望。

第一天你去量了體重：77.1公斤。太重了。但你有信心可以減下來。

第二天你又去量：78公斤。這不算好的開始。加油，要堅持。

第三天你的體重增加到78.9公斤。要命啊！

但到了第四天，那光榮的第四天，你的體重是78.5公斤。用這樣的速度來看，你一個月內就可以減到大約65公斤，又瘦又健康。

且讓我們回過頭來，檢驗美國每10萬人的謀殺案件比率。這一次，我們要來看1975年到2002年間（也就是明顯下降的時期），並搭配最符合的線性迴歸線，如圖5.3所示。

這條線的負斜率為0.126。這表示，平均來說，在這段期間內，美國每年的謀殺案件率每10萬人**減少**0.126件。當然，這不是非常**大**的降幅，但確實有下降。簡言之，美國的謀殺案率在1975年到2002年間並未提高，事實上，自1970年代中期以來，這個比率確實稍微下降。

圖5.3：美國每10萬人謀殺案件比率統計，1975-2002年，搭配
迴歸線

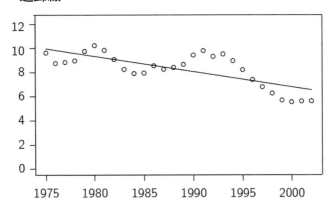

　　下降趨勢在1990年以後的年度最明顯。在這段期間內，美國的謀殺案率下跌幅度很大，如圖5.4所示，每年的負斜率為0.454。換言之，自1990年以來，美國的謀殺案率確實有下降，在此同時，很多美國媒體和政治人物卻四處挑起人民對謀殺的恐懼。

　　美國謀殺案率在整個1990年代都在下降，這一點和很多人的印象相衝突。那麼，是不是這段期間內其他的暴力犯罪事件增加了？不太可能。事實上，美國司法部的數據顯示，自1990年以來，美國每年每10萬人的暴力犯罪事件比率一直很明顯減少，每年約減少28.7：

圖5.4：美國每10萬人謀殺案件比率統計，1991-2002年，搭配
迴歸線

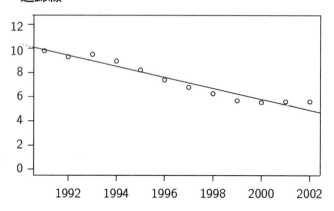

圖5.5：美國每10萬人暴力事件比率統計，1991-2002年，搭配
迴歸線

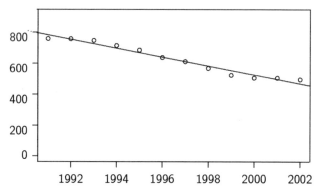

那麼，我們學到什麼？

- 要判斷趨勢，最好使用迴歸，例如最符合趨勢的線，而不是僅聚焦在少數幾個年度總數，這很可能會造成誤判。
- 你判斷出來的趨勢，取決於你如何分析數值（比方說，是總數還是比率、納入的地理區域、納入的年度等等。）因此，在看任何統計分析時，務必閱讀附屬細則。
- 以美國的謀殺案件比率為例，無論你怎麼做統計分析，唯一可能的結論，是近年的謀殺案件比率一直在下降，而不是上升。這幾乎是百分之百肯定的。
- 就算媒體、政治人物和警政單位都同聲一氣，但這並不代表他們說的就是對的。就像饒舌歌團體全民公敵（Public Enemy）說的：「不要相信刻意炒作的話題。」

謀殺其實很罕見？

其他國家的情況又如何？加拿大的謀殺案率約為美國的三分之一，同樣的，自1970年代中期以來也一直都在小幅下降，每年減少約0.042（使用加拿大統計局〔Statistics Canada〕的原始資料）。

圖5.6：加拿大每10萬人謀殺案件比率統計，1975-2002年，
　　　搭配迴歸線

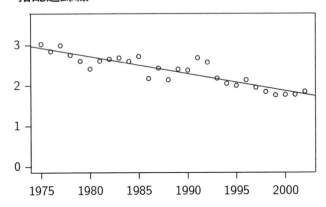

同樣的，更近期幾年的效果最為明顯，每年下降的幅度約為
0.074：

圖5.7：加拿大每10萬人謀殺案件比率統計，1991-2002年，
　　　搭配迴歸線

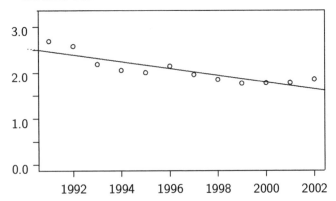

至於澳洲，自1990年以來，謀殺案件比率有幾年上升、有幾年下降，但整體來說很穩定，負斜率很小，僅為0.0006（使用澳洲犯罪學研究所〔Australian Institute of Criminology〕的原始資料）：

圖5.8：澳洲每10萬人謀殺案件比率統計，1991-2002年，搭配迴歸線

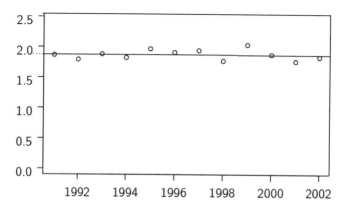

　　英國（英格蘭、蘇格蘭和威爾斯）的話，謀殺案件比率比美國、加拿大和澳洲低，但自1990年以來反而有稍微增加，每年多了0.025（使用英國內政部〔British Home Office〕和蘇格蘭行政院〔Scottish Executive〕的原始資料）：

圖5.9：英國每10萬人謀殺案件比率統計，1991-2002年，搭
配迴歸線

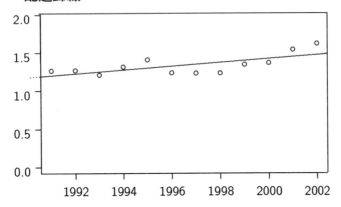

表5.2摘要這四個國家1991年到2002年間的趨勢。

表5.2：謀殺案件率（每10萬人）與趨勢，1991-2002年

國家	比率平均值	每年趨勢
美國	7.40	下降 0.454
加拿大	2.05	下降 0.074
澳洲	1.87	下降 0.0006
英國	1.34	上升 0.025

　　讓人振奮且值得一提的是，謀殺案件比率最高的國家（美
國）下降幅度也最大，而四個國家裡僅有一個國家謀殺案件比率
有增加（英國），不過這個國家原本的比率就非常低。以每一個

國家來說，數字都講得很清楚，和普遍印象與媒體的誇張說法形成對比——謀殺案比率其實很低，而且基本上有在下降。

此外，現實與媒體描繪狀況有落差，不只反映在比率上，另一個落差，是被害人與加害人之間的關係。人們害怕謀殺，一般而言，他們擔心的是被陌生人隨機殺害。但多數的謀殺案都不是這樣。加拿大統計局研究1974年到2002年間、1萬5,163樁謀殺案，發現僅有15.6%已結案的謀殺案，是由不認識的加害者所犯下，而這個數值自1975年以來也有微幅下降。反之，有超過18%已結案的謀殺犯罪人是受害者的配偶。同樣的，澳洲犯罪研究所（Australian Institute of Criminology）以及美國FBI也得出了類似的數據（但有一些差異），前者研究了澳洲1989年至1996年、2,757樁謀殺案，後者則調查了美國2003年、1萬4,408件謀殺案。數據如表5.3所示。

表5.3：被害人與加害者的關係比率（已結案的謀殺案）

關係	澳洲	加拿大	美國
配偶	22.8%*	18.4%	8.7%
其他家人	16.5%	19.3%	13.9%
其他親近人士	*	3.5%	7.8%
熟人	42.7%	43.2%	47.2%
陌生人	18.0%	15.6%	22.4%

*澳洲的研究把其他親近人士納入配偶類中。

這些數字讓我們能以機率觀點來看重大、可怕的事件，例如精神病患綁架和殺害無能反抗的兒童。這類恐怖事件會盤據報紙頭版幾個月，不僅因為事情很讓人震驚，也因為這非常、非常罕見。

雖然精準的數字會因國家不同而有所差異，但結論都是一樣的。現實與新聞媒體和電影製造出來的印象相反，謀殺很罕見，而且，熟人與家人犯下的謀殺案遠高於陌生人。下一次，當你開始擔心每一盞路燈後面會有瘋狂殺手潛伏，你可能應該先查查配偶最近的動向！

是在玩弄數字嗎？

然而，上述還算可控的謀殺案件比率數值，並不符合某些政治人物或媒體代理商的極端言論。那麼，要是他們的說法直接和事實相衝突，一般人該如何反應？多倫多一位市級的政治人物就明白宣告：「我不同意犯罪行為普遍下降。」警察局長也堅稱：「犯罪減少只是表象，這是在玩弄數字。說犯罪減少的人，講的是一定是其他社會，而不是這裡。」

當這一群人受到壓力，他們就會訴諸人們對於犯罪的**恐懼**，彷彿這樣就能證明他們的觀點。我最近看到電視節目主持人問一群來賓，應該如何因應犯罪率提高。有幾位來賓回答，犯罪率其實在下降，並沒有提高。主持人反駁說：「喔，別來這套。你難道否認大家愈來愈**害怕**犯罪嗎？」或者，一位政治人物就坦率地

說：「不要看統計數字，去看恐懼因子。」

　　一位政治人物曾堅稱，「人們可以**感覺**到犯罪愈來愈猖獗。」不過，大概沒有這種事。人們可以「感覺到」的是，在媒體與政治人物操弄之下，對犯罪的恐懼。畢竟，真正的事實要靠謹慎研究並用統計分析去挖掘，而不是憑感覺。

　　讓人難過的事實是，很多人會因為社會大眾害怕犯罪而得利，所以這種恐懼感不會輕易消失。媒體需要這股恐慌販售報紙，娛樂圈靠它來行銷電影，政治人物販賣恐懼以求當選，警方則藉此來爭取更多資金。因此，當多倫多市長大衛・米勒（David Miller）在近期的選舉活動中宣稱：「事實是，多倫多是安全的城市。領導者為了勝選而跑出去嚇唬人民。」我真是以他為榮。本地的新聞記者喬瑟夫・霍爾（Joseph Hall）有系統地駁斥關於犯罪行為不斷增加的誇大言詞，總結道「即便最近出現一些可怕的警語⋯⋯但犯罪是在減少。」我也同感安慰。或者，專欄作家道格・桑德斯（Doug Saunders）也指出，「恐怖主義、犯罪甚至是意外的危險，幾乎用每一種標準來看都是處於低點，低於上一代任何時間點的數值。事實上，在現在這個時代，危險的是我們的恐懼。」我再同意不過了！

　　不過，犯罪率下降，代表我們就不應該再憂心治安了嗎？或者，不再需要警察了嗎？當然不是。只要還有任何罪行存在（犯罪當然永遠不可能消失），就需要強大專業的警力，保護我們免受傷害。此外，我毫不懷疑司法系統可以改進，以更妥善保護犯罪受害人、掃蕩街上的槍枝，以及確保我們安全，不受狠心的罪

犯滋擾。在個人層面，如果我或是我愛的人成為暴力受害人，我當然希望盡可能得到我能取得的警方保護與協助。

此外，就算近年來犯罪率一直下降，也不保證未來會繼續下降，犯罪率很可能在未來十年再度上揚。

另一方面，就算犯罪真的增加了（並沒有），也要記住，我們可能受到暴力犯罪傷害的機率，遠不如交通事故或疾病等事件。因此，就算我們很緊張，也應該控制自身的恐懼，而且不管犯罪趨勢如何都該這麼做。

因此，從某方面來說，犯罪率有沒有下降，其實並沒有那麼重要。不管數值是多少，要如何平衡犯罪控制與個人自由、警政服務與城市預算有限等問題，都沒有簡單的答案。我們的優先要務是什麼，由不得統計或統計學家決定。但我們可以講的是，應該在真正的事實脈絡之下做這些決策，而不是基於誇大的恐懼或誤導的主張。如果政治人物或警方的發言人說，就算犯罪率下降，仍該提高警政方面的資金，他們的主張值得考慮，也應該辯證。但假如政治人物或警方發言人宣稱，由於犯罪增加，所以應該提高警政預算，那此人並沒有對我們說實話。

且讓我引用電視影集《警網》（*Dragnet*）主角喬·弗萊戴警長（Sergeant Joe Friday）的名言：「女士，說事實就好。」

06

人生答案，在效用函數裡
如何針對隨機性做決定？

　　我們常在做決策時，被迫要評估隨機性。例如，就算可能墜機，仍要去搭飛機嗎？就算可能不會中獎，還是要買彩券嗎？就算可能永遠拿不到理賠，還是要投保嗎？就算可能下雨，還是要去騎單車嗎？

　　當然，沒有點一下魔杖就能解決問題這種事，有些決策不管怎麼樣就是很艱難。然而，一點機率觀點和一些經驗法則，可以幫你更輕鬆做出很多決策。至於真的很困難的決定，則可用效用函數（utility function），來釐清互相衝突的目標的優先順序。

當恐懼與機率背道而馳

　　要針對隨機性做決定，第一條規則是，一般來說，應該忽略機率極小的事件。但多數人並未遵循這條很簡單的規則。

樂透頭彩是很好的範例。全球買彩券的錢高達幾十億美元，樂觀的人希望能一舉抱回大獎，從此過著幸福快樂的生活。但這是明智的抉擇嗎？先把中頭獎是否能得到幸福（通常會造成反效果）這件事放在一邊，你真正會中獎的機率是多少？

　　舉例來說，一般的商業性樂透玩法是從1到49之間，選擇6個不同的號碼。如果你選的6個號碼符合樂透彩公司開出的6個號碼，那你就贏得（或是和別人共享）頭獎。假如是這種樂透，贏得頭獎的機率，是從49個號碼選出6個的組合當中，選到了唯一的那一種，算起來約1,400萬種中有一種。（計算方法類似去算彩球賽局中，所有選的球都符合開出的球。）這個機率極小。從這樣的脈絡來看，你在一年內死於車禍的可能性，還高了一千倍。事實上，你**去彩券行買彩券途中**死於車禍意外的機率，還高於你中頭彩。確實，如果你一個星期買一張彩券，平均來說，你每二十五萬年還中不到一次頭彩。此外，隨著選擇的號碼增多，機率還進一步下降。如果是要從1到47之間選7個號碼，全部號碼都中的機率是6,300萬種裡有一種。沒錯，這星期可能會有**某個人**中樂透頭彩，但我可以向你保證：那個人不會是你。

　　從實際觀點來看，你決定要不要買彩券時，贏得頭彩的機率並非你決策時的考量因素。如果你覺得買彩券很有娛樂效果、很有意思、很能振奮心情或很有樂趣，那就去買。但你不應該抱著會贏得大獎的期待而去買。（我從沒買過商業性的彩券。我太清楚勝率了。）

　　偶爾，頭獎彩金會高到天價，比方說幾億美元。那時候，就

會讓人很想買彩券，這是因為即便中獎的機率很小，但是彩金極高。不過，買彩券的人數愈多，就算你中獎，你要和別人分獎金的機率也會愈高。在這種情況下，比較好的辦法是選擇很少見的樂透號碼（最好是隨機選擇，最差是選1、2、3、4、5、6或是你家小孩的生日），以降低要和人分獎金的風險。但中頭獎的機率顯然仍極低。在馬修‧柏德瑞克（Matthew Broderick）主演的電影《戰爭遊戲》（*War Games*）中，一部電腦對於核子大戰的評論如下：要贏的唯一方法，就是不要參賽，所言甚是。

這條忽略極不可能事件的原則，應用範圍極廣。1933年，老羅斯福總統曾宣稱「我們唯一要恐懼的，便是恐懼本身」，此話可能有點誇大。但人們確實經常不必要地煩憂發生機率極小的事件，並因此做出很糟糕的決策，飽受壓力與痛苦的折磨。

舉例來說，2002年，我有朋友去以色列旅行，該國不久之前才發生一系列受人矚目的恐怖分子攻擊平民事件。很多人帶著恐懼的心情以直覺反應，暗指人瘋了才會**考慮**去這麼危險的地方旅遊。一個我認識的人宣稱，要去以色列，就像在主要高速公路上逆向行駛這麼蠢。

我決定去查核事實。我發現，在2000年10月到2002年4月這段恐怖攻擊很嚴重的期間，以色列總共提報了319名因為恐怖攻擊而死亡的受害者，約為兩萬人中有一人。相比之下，同期間以色列約有750人死於汽機車意外。因此，就算是這段恐怖活動升溫的期間，以色列人死於車禍（而且沒有在高速公路上逆向行車）的機率，還比死於恐怖攻擊的機率高了兩倍。我向這位很擔

心的熟人說明這些事實，但我無法說服他。

約在同一時間，專業統計學家正在籌辦2004年7月的國際數理統計學會（Institute of Mathematical Statistics）年度科學大會。本次會議本來規劃要辦在以色列，但出於對恐怖主義的恐懼，他們後來決定移往西班牙。就連同為統計學家，害怕同僚暴露在傷害當中的恐懼，也勝過了他們的機率觀點。

高估極不可能發生事件的機率，會造成嚴重後果。舉例來說，2003年春，有一群住在多倫多地區的民眾感染了SARS，這是很嚴重而且可能致病的病毒感染。媒體大肆報導本次的疫情爆發，全世界有大量的報紙頭版和電視新聞都在講這件事。但在整個危機期間，多倫多因為SARS而死亡的病例不到50人，相比之下，每年約有1,000名加拿大人死於一般流感。即便SARS疫情正烈時，前往多倫多旅遊的觀光客死於流感的機率，差不多等於死於SARS的機率，但我不記得有任何報紙以頭版來報導流感大流行，也不認識任何為了要避免得流感、而改變旅遊計畫或行為模式的觀光客。SARS危機導致前往多倫多（以及加拿大其他地方）旅遊的觀光客大減，讓整個城市與國家損失了幾十億加元，但並非出自合理的理由。

表6.1顯示，2001年，美加兩國各種不同死因的死亡人數比率，而大部分工業化國家的死亡人數比率在多數年頭都類似。顯然，因為自然發生的疾病而死亡（尤其是心血管疾病、癌症和呼吸道疾病），比外在原因導致的死亡更常見。

然而，即便是外在因素導致的死亡，交通事故致死比率遠比

表6.1：2001年各項死因的死亡人數比率 [1]

死因	美國	加拿大
總死亡人數	2,416,425（100%）	219,114（100%）
心血管疾病	922,334（38.2%）	74,824（34.1%）
癌症（各種癌症）	553,768（22.9%）	63,774（29.1%）
肺癌	156,058（6.46%）	16,558（7.56%）
呼吸道系統疾病	230,009（9.52%）	17,585（8.03%）
交通事故	47,288（1.96%）	3,032（1.38%）
刻意自殘	30,622（1.27%）	3,688（1.68%）
墜落死亡	15,019（0.62%）	1,727（0.79%）
中毒	14,078（0.58%）	955（0.44%）
謀殺（所有類型）*	15,980（0.65%）	553（0.25%）
遭親友謀殺	3,611（0.15%）	208（0.10%）
遭陌生人謀殺*	3,580（0.15%）	69（0.03%）
遭配偶謀殺	1,390（0.06%）	109（0.05%）
溺水與溺斃	3,281（0.14%）	278（0.13%）
被煙嗆死、火災死亡、被火燒死	3,309（0.14%）	243（0.11%）
九一一恐怖攻擊	3,028（0.13%）	—
商用飛行器*	275（0.01%）	2（0.0009%）
閃電電擊致死（2000年）	50（0.002%）	3（0.0014%）

*不含九一一恐怖攻擊。

---

[1] 數據來自美國國家生命統計報告（National Vital Statistics Reports）及加拿大統計局，最後兩列數據則來自 airdisaster.com 和 nationmaster.com。而加拿人與被害人的關係比率，陌生人所占比率是根據熟識者加害的比率推算得出。

謀殺、空難、溺水、火災或閃電電擊致死更常見。比方說，九一一恐怖攻擊事件中有3,000人死亡，這些人在當年美國死亡人口中僅占了0.13%。換算下來，是每9萬4,000位活著的美國人，對應一個死於恐攻的人。這個數字，相當於三個星期死於交通意外的人數，這表示，2001年，隨便選一個美國人，此人因為恐怖攻擊被殺害的機率（或者，在這議題上，期間可以擴大到整個2000年到2004年之間），相當於在某三個星期中死於交通意外的機率。無論如何，這項事實都不會稍減攻擊的令人髮指、或是導致死亡的悲劇。然而，這確實提供了機率觀點來檢視數字，指出即便是恐怖的九一一攻擊事件，也並未大幅改變西方世界意外猝死的機率。

如果你怕死，應該好好運動、均衡飲食以避免心血管疾病，並戒菸以避免肺癌。照顧自身的健康狀況比擔心被謀殺有意義多了，更別說恐怖主義、墜機事件、溺水、火燒或被閃電擊中造成的死亡。就算你真的很擔心謀殺，害怕家人加害也比對陌生人提心吊膽有道理。這些是真正的事實，以機率為根據。（當然，受謀殺、交通意外和恐怖主義影響的受害者，多半比受到癌症與心血管疾病影響到的受害者年輕。正因如此，前述事件的悲劇色彩才這麼濃厚，但原始數據中的重大差距，仍把這一點比了下去。）

即便有這些事實，媒體對於不知名「壞蛋」謀殺犯行的關注，仍遠高於疾病和交通意外。確實，在九一一恐攻事件之後，北美的抗焦慮藥物用量大幅增加，每個人都在談人存在的稍縱即

逝本質，以及我們要如何活在當下跟人有多脆弱。雖然交通意外事故每三個星期也會造成同等的死亡人數，但不會引起相同的效應。

為何人們對於恐怖主義和SARS的懼怕，比對車禍事故和心血管疾病的恐懼高這麼多？因為恐怖攻擊和SARS看來是新的、未知的事物，因此充滿不確定性。人可以接受高度的危險與損失大量的人命，但前提是事情以他們習慣的方式發生。一旦意外的危機出現，人的害怕就會高過於合理程度。某一集《辛普森家庭》（The Simpsons）就說得很好：年輕的花枝·辛普森（Lisa Simpson）和來歷不明、但無害的街頭薩克斯風手約會，她媽媽美枝（Marge）開車出來，匆匆把她帶走，並對這位在街頭遊蕩的人說：「我沒有要針對誰，我只是害怕不熟悉的人。」

畢竟，擔憂的對象是你的孩子或親愛的人時，即便受害機率微乎其微，對極小的機率嗤之以鼻可能顯得很殘忍冷酷，但是這些感受經不起檢驗。多數人會毫不猶豫請自家姊妹開過大半個城區，過來一起吃飯或看電影。但每一年裡，大約每一萬人就會有一個人死在路上。一般人平均每天要開兩趟車穿過城市。因此，你的姊妹過來拜訪你時，至少每700萬次就有一次可能死在路上。難道提出這類邀約是鐵石心腸之舉嗎？當然不是，反之，這是說在日常生活中，我們會、而且必須要忽略極低的機率。

忽略極不可能事件這條原則，也可以解決很多難題。我最近在多倫多市中心騎腳踏車，休息時，我很放鬆地直接停在553公尺高的加拿大國家電視塔（CN Tower）之下，這是當時全世界

最高的自立式（free-standing）建築物。抬頭仰望，我一眼就認出113樓瞭望台的著名透明玻璃地板區。如果地板此時剛好破掉，上面的人和玻璃碎片就會直直往我身上掉，快到我根本跑不掉，馬上就讓我死於非命。我開始緊張地往後站，到別處去休息。

但我倏地阻止了自己。我在想什麼？玻璃地板已建成超過十年，換算下來已經超過五百萬分鐘。即便不考慮工程設計與營造的安全性，下一分鐘地板會破掉的機率，必然低於五百萬分之一。以這種微乎其微的機率來說，根本不值得我特地離開這裡或更動我的計畫。（如果玻璃地板是昨天才裝好的，我可能會重新考慮。）因此，我很從容地休息完，完全沒有移動，當然也沒有被壓死。

夜半怪聲

上下班、和交通路況奮戰、衝來衝去辦雜事、煮晚餐，過完漫長的一天之後，你終於上床躺平了。你讀了一本講機率理論的引人入勝好書，放鬆了幾分鐘，然後準備要好好睡一覺。

你靠過去把書放下並把燈關掉時，聽到一陣突如其來的嘎吱嘎吱聲音。那是什麼？是誰在哪邊？你一動也不動，仔細去聽，但之後沒再聽到任何聲音。

現在你不確定了。這個聲音是表示有盜匪闖入你的房子嗎？要不要打電話給警察？要不要拿起球棒？要不要下樓查

看？

　　你很快想了一下。你的房子多年來並沒有人闖入。盜匪在你伸手過去放書的那一刻，正好發出聲音的機率有多大？

　　另一方面，你的房子很老舊了，床鋪上有任何重量的改變，都很可能導致地板嘎吱嘎吱響。很可能是你放書時弄出聲音，而不是什麼因緣際會的巧合。

　　即便你很累了，你也看得出來，自己的動作導致地板發出聲音的機率，遠高於此時此刻有盜匪闖入的機率。你滿意了，把書放下，關掉檯燈，開心地睡去。

走極端，務必當心

　　忽略極不可能的事件，是穩健理性的決策方法，但如果我們走極端，很可能會陷入魯莽或粗心。

　　例如，在十分鐘的車程中，發生車禍的機率極低，那我們要繫安全帶嗎？我的答案是要：我永遠都會繫上安全帶（騎腳踏車也會戴安全帽），但不是因為法律規定我要這麼做。然而，對照前一節的內容，我又要如何為自己的行為背書？

　　首先，在你的人生中，你可能有很多次騎乘汽車和自行車的機會。在這麼多趟旅程中遭遇事故的機率（不一定會致命），不可小覷，忽略不計並不安全。一、兩次忘了繫安全帶不是大事，但從來不繫是自找麻煩。

第二，繫安全帶或戴安全帽並不費心力，不需要取消旅行、避開有趣的活動、長途跋涉或花掉很多錢。因此，就算某一趟短途行程不太可能出意外，繫安全帶這麼簡單的事仍值得你不嫌麻煩去做。從這樣的觀點來看，我們應該要繫安全帶，這不是因為這麼做比較明智、符合道德或得體，而是因為做來很輕鬆。

做父母的也應該拿捏好平衡。舉例來說，一方面，你的孩子不太可能會因為剪刀而受重傷。另一方面，這個機率也不見得**這麼低**，如果孩子常玩剪刀的話更是這樣，而簡單的預防性措施可以防範風險。因此，告誡孩子手上有剪刀時絕對不可奔跑，肯定是很值得做的事。

從整體社會的角度來看，判定某個事件發生的機率太低、根本不用去因應，也可能造成傷害。例如，就算自己這一票極不可能造成任何改變，還是要投票嗎？就算多一件垃圾造成的衝擊極有限，還是要做資源回收或不亂丟垃圾嗎？即使難以想像自己使用資源會讓地球超出耐受度時，還是要節能嗎？

當然，一旦出來投票的人很多，我們就（但願）會有更具代表性的政府。如果很多人做資源回收，就能創造更潔淨環保的世界。若很多人節能，我們的生活方式就更能持續下去。哲學家把這樣的議題稱為「個人理性對上集體理性」（individual versus collective rationality）：如果很多人都做某件事，就會對大家有益。但只有一個人去做這件事，除了對當事人來說很不方便，而且也不太有機會嘉惠任何人。

那我們為何要做？有一部分的答案，是因為我們希望自己去

做，能激發其他人見德思齊。畢竟，很多人都一起做的話，效果就變大了。可惜的是，我們不見得永遠都相信自己的行動可以激勵他人：可能根本沒人看到我們去投票或做資源回收。如此一來，我們還應該堅持做下去嗎？

我認為法國哲學家沙特說得很好，他說，我們是按照自己希望別人怎麼做，去選擇自己該怎麼做。他寫道，「在成為我們想要成為的人時，不管我們做什麼事，無一不是同時在塑造我們認為一個人應該具備的模樣。」換言之，去投票或做資源回收，同時就是在說我們認為其他人也應該去投票或做資源回收。

如果是擔心謀殺與恐怖主義，或是想撒錢買彩券，我們應該記住「有些事的機率小到可忽略」。但也不應因為機率極小，就放任自己不遵循簡單的安全措施，例如繫安全帶，或者就不去做有正面意義的事，像是期待別人也會效法的投票和資源回收。

未來無法預知，但感受可以計算

倡導忽略極不可能發生的事件固然是對的，但我們常會面對和隨機性有關的選擇，各種結果出現的機率並沒有低到幾乎不可能。

走路，還是搭車？

　　你睡過頭，現在正努力衝刺要趕上早上九點的會。此刻是八點五十分，就算你用最快速度，也還要再走十五分鐘才會到辦公室，你會遲到五分鐘。

　　你考量自己有哪些選項。這個時候你一定叫不到計程車。不過，有公車可以讓你在短短五分鐘內就到辦公室。如果你在公車站等車，而且五分鐘之內公車就來，你就可以趕上，太棒了！

　　但遺憾的是，公車的時間不太規律。有時候車子馬上就來，有時候等上二十分鐘也不見蹤影。如果你去等公車但運氣不好，到頭來可能會遲到十五分鐘才能進去開會，而不是五分鐘。你應該冒險嗎？你應該等公車，一搏有機會準時抵達、但冒著可能遲到更久的風險？還是，你應該繼續走路，確定自己只會遲到五分鐘？

　　你想到你還在試用期，如果遲到，嚴厲又守時的主管一定會開除你。你決定等公車，因為你唯一的希望是公車快來，讓你準時進辦公室。還好，公車正在車站等著，你也因此保住了工作。

　　當晚你和朋友約好九點去喝一杯。同樣的，你又發現自己遲到了，而且再度面對要走路過去（這肯定會遲到、但是只慢一點）還是等公車（這樣的話你可能準時，但也可能遲到更久）。約喝酒時遲到幾分鐘不是什麼大事，但遲到太久朋友可

能會很擔心，也可能會放你鴿子。你決定了，走路是最佳選擇。

　　像這種要走路還是要搭公車的選擇，取決於你對準時、遲到一下下或嚴重遲到會造成的不同後果各有何感受。機率理論可以算出不同結果的機率，但如果要做決策，你還需要考慮自身的偏好與價值觀。你的決定取決於自己有多喜歡、或多不喜歡各種結果。

　　我們能否運用冷靜嚴肅的數學，來討論喜不喜歡這類價值觀導向的概念？數學無法區分對錯好壞，但如果可以把個人對於好壞的評等量化，數學就能導引我們做出決策。

　　要把偏好量化，就要具體說明你的效用函數。效用函數是針對所有可能發生的後果，以數字表示你個人的評等。效用函數給好事的評等為正（正值愈大愈好），壞事的評等為負（負值愈大愈糟糕）。舉例來說，對你來說，看到好電影的效用評等可能是正10，看到真正好電影的效用是正20，而中樂透頭彩的效用是正100萬。另一方面，你可能會認為踢到腳趾的效用是負10，頭痛的效用是負20，被炒魷魚是負1,000。

　　效用函數是決策科學──賽局理論的要素之一，賽局理論經常應用在經濟學、政治學和社會學上。1940年代，匈牙利數學家馮紐曼（John von Neumann）研究這些函數，他是世界知名紐澤西州普林斯頓市高等研究院（Institute for Advanced Study）最早的六位數學教授之一（愛因斯坦也是其中之一）。效用函數提

供了解決複雜決策的簡單明確規則。

舉例來說，假設你正忙著籌畫婚禮，你需要選定會場。你把選擇限縮成兩項：市內豪華的宴會廳，以及林間樸實的鄉村小屋。小屋的話，有搖曳的樹木和閃耀的湖面，環境很優美，但有一個問題：如果你舉行婚禮當天下雨，那該怎麼辦？

要解決這個難題，你可以設一套效用函數。晴天時，鄉村小屋婚禮會讓人歡欣幸福，你給的效用值是正1,000。在宴會廳舉辦婚禮（不論晴雨）也很不錯，但不是同一個層次，你給的效用值是正800。

然而，雨天時鄉村小屋婚禮就會變成一團糟：賓客全部擠在室內、鞋子滿是泥濘、屋頂漏水、家人之間頻起口角，一片美景完全都浪費了。當然，你的婚姻還是會很幸福，但那場婚禮根本就是災難，效用值為零。還有，根據過去的天氣模式，你預估婚禮當天下雨的機率為25%。

現在，你的選項變成可以帶來實實在在的正800效用值的宴會廳，還是晴天時效用值為正1,000、雨天時效用值為零的有風險鄉村小屋？你要選什麼？

此時此刻，你可以開始計算。鄉村小屋有75%的機率效用價值為正1,000、有25%的機率為零。這表示，如果你選鄉村小屋的話，效用函數的平均值（或期望值）為：75%是正1,000、25%是零，結果是正750。因此，選了鄉村小屋，你的平均效用值為正750。但如果你選宴會廳，不管天氣怎麼樣，你的效用值都是正800。

正800高於正750，因此，選宴會廳會比選鄉村小屋好。因此，你（不情不願）的選擇應該是預訂宴會廳。這樣一來，不管下不下雨，你的婚禮都會很成功。（而且，你可以在蜜月期間選一個晴朗的日子過來鄉村小屋，這種額外的探訪全無風險。）效用函數運用理性且合乎邏輯的思維，幫助你做出難以決定的情緒面抉擇。

愛情效用學

財務部的胡安看來是好人，而且他手上沒戴婚戒。或許你應該邀請他星期六一起去看你朋友的搖滾樂團演出。

你忐忑地拿起電話，但接下來你遲疑了。如果胡安沒興趣怎麼辦？要是他已經有另一半了怎麼辦？萬一他認為你打電話給他這種事很愚蠢怎麼辦？如果他口出惡言怎麼辦？你判斷，他接受邀請的機率僅有10%。說不定你根本就不應該打電話給他。

還好，你懂效用函數。你判斷，如果胡安接受邀請，你們的約會將會很有意思、很讓人雀躍，甚至可能改變你的人生。你給的效用值是正1,000。

相反的，如果胡安拒絕邀約，你會很失望，但是這不會比你從沒打過去問糟多少。不管怎麼樣，胡安永遠都會避開你了。你真正要承受的，是打這通電話表達你對他很有興趣，而招來的尷尬與緊張。這非常糟糕，但不到恐怖的地步。你給的

效用值為負50。

那麼，你打這通電話的平均效用值是多少？有10%的機率效用值是1,000，那就等於900。至於其他90%，效用值是負50，算起來就是負45。因此，打這通電話的平均效用是正100加負45，等於正55，淨效用為正值。

所以，平均來說，你打這通電話會有收穫。你滿意了，但也很害怕，你拿起電話。胡安接電話了，你們聊得很愉快，還一起去看了搖滾樂團的表演，一切順其自然發展。兩人從此過著幸福快樂的生活，這都要感謝效用函數。

保險真的保險嗎？

在決定要不要買保險時，效用函數也可以幫上忙。

考慮買保險時，首先要自問：「長期來說，我支付的保費有多可能比我申請理賠收到的金額更高？或者說，我有沒有可能拿到的錢多過我支付的保費？」如果你收到的錢比你付出去的多，你的保單就是很明智的投資。但要是你付給保險公司的錢比你拿回來的多，買保險可能就不是那麼聰明了。

假設你的住宅保險每年保費是800美元。多數年頭，你都不會去申請理賠，你的保單淨利為負800美元。另一方面，你的房子可能每過一陣子都會碰到嚴重的問題，比方說火災、淹水、遭人闖空門、屋頂坍塌等等，你可能會收到幾千美元理賠金。有極

小的機率可以收到大筆的金額，但這能抵銷800美元的保費嗎？還是根本不夠？

我們很難直接計算這個問題的答案。畢竟，這取決於很多因素，例如發生火災或水患的平均頻率、火災或水患造成的平均災損金額，還要計算可能導致你申請理賠的其他事件。此外，這些平均數取決於你住在哪裡、鄰居的習慣等種種面向。不過，你還是可以做一些有憑據的猜測。

關於保險，第一件事是保險公司通常獲利豐厚。確實，保險是獲利最可靠的產業之一。但我們從大數法則可以得知，公司長期要能獲利，唯有靠著平均來說收進來的錢，要多過付出去的錢才行。因此，根據保險公司算出來的機率，平均來說，他們收到的錢高於付出去的錢，這一點必然成立。這句話的意思是，長期來說，客戶支付的保費會高於他們收到的理賠金。

換言之，無須查核任何和火災、損害或保單相關的統計數據，我們也可以很有信心地指出，平均而言，買保險是虧錢的提議。平均來說，你支付的保費會高過能請領的理賠金。那麼，這表示任何人都不應買保險嗎？不，並不是，而且效用函數會告訴我們為何不是。

每年花800美元買保險是可以接受的支出，我們可以將這種行為的效用值設定為負800。然而，假設你沒買保險、但又碰上嚴重的災禍（像是火災或水災），將會造成殺傷力極大的後果。舉例來說，如果某一場災難導致你被迫要賣屋，或是害你陷入長期的財務窘境，對於你的人生造成的傷害，可不是錢能說得盡

的。即便單從錢來看，你的損失僅為10萬美元，但可能嚴重危害你的經濟狀況與安全，甚至導致婚姻破滅，孩子必須從大學退學，這樣一來，你的效用會變成負50萬甚至更糟。簡而言之，你面對的難題嚴重性恐怕遠遠超越單純的金錢損失。

假設每年發生這類重災大難的機率為兩百分之一。那麼，純就金錢觀點來說，你支付800美元買保險，有兩百分之一的機會拿回10萬美元。這表示，平均而言，你支付800美元、但只能拿回500美元（10萬美元乘以兩百分之一），你的淨損是年300美元（這對應的就是保險公司的淨利）。但是，如果能避開重大災害的話，你平均的效用是2,500（50萬乘以兩百分之一），減去你支付保費的負效用800，算出來是正的1,700。

從這種觀點來看，保險有時候是雙贏局面：平均而言，保險公司可賺得利潤，客戶則可賺到效用。但只有在針對毀滅性的損失買保險避險時，才有可能是這樣。因為這類損失在客戶認知上的價值，遠超過保險公司的理賠金額。

相反的，對於非此等災難等級的損失，平均來說，不買保險、並由你自己自掏腰包支應損失的「保自己」策略，永遠都比較好。偶爾你會損失很多錢，但平均來說，你省下的保費會比你拿出來消災的錢更多。簡言之，你可以自己賺保險公司的利潤。

抱歉，我不同意，因為我的效用函數和你不一樣

情境喜劇《歡樂時光》（*Happy Days*）某一集中，主角瑞奇

（Richie）和友人很想要認識女孩子，於是他們辦了一場假的選美比賽。問題來了，他們沒錢發獎金，參賽者忿忿不平，整個局面一場混亂。瑞奇的父親很生氣，對他大吼：「為了看幾個漂亮的女孩，真的值得惹上這些麻煩嗎？」本集的結局是瑞奇的近距離特寫，父親的斥責讓他倍感屈辱，但忽然間他露出頗有深意的笑容。當中的含意很清楚：對正值青春的瑞奇來說，只要能讓他看到美麗的女孩，這些麻煩**都很值得**。

這類親子間的衝突不時發生，我們通常斥之為代溝，或指稱這是因為父母總是比孩子成熟。但事實上，效用函數可以解釋意見的不同。

在上例中，瑞奇很興奮能認識年輕女子，他的效用值很可能是正100或更高。在此同時，雖然捅出樓子讓瑞奇覺得很難受，但年輕氣盛的他，可能也不覺得**太糟糕**，因此，他給這種後續麻煩的效用值可能是負50。由於正100人可彌補負50，瑞奇私下會覺得他從中享受到的歡樂，足以蓋過所有的麻煩。

另一方面，來看瑞奇的父親，如果他想到的是，認識有魅力的女性是賞心樂事，可能會認為這場活動就是一場消遣，效用值最多就是正10。但他身為負責任的公民，想到的是惹來的麻煩、瞞騙行為和憤怒會是個大問題，效用值說不定達負100。由於負100比正10差多了，也難怪瑞奇的父親這麼生氣。

頑皮的姪子

你可愛的小姪子過來看你，他正拿著最愛的球在玩。你叫他要小心，但是他完全沒在注意。他已經打破了一個玻璃杯，在你吼完他之後，他又丟到一幅畫、讓畫掉了下來。他怎麼這麼不講理？就你來看，弄壞一個玻璃杯和一幅畫的嚴重性，顯然超過玩球的樂趣。

但此時你考慮到姪子的效用函數。他很愛玩那顆球，玩得愈瘋狂愈開心，他很可能認為玩球這項活動的效用值是正20。另一方面，他打壞東西和被人大吼大叫時，他可能只覺得有點不開心，效用值或許是負10。因此，從他的觀點來看，他的行為非常合理。

有一部分的你覺得應該教育姪子，要透過懲罰、或拿走他的球教會他負責任。但同樣的，他的效用函數或許也不算太過瘋狂。你妥協了，小心移開屋子裡所有還完好的易碎品，讓小姪子繼續玩。你的家當很安全，小姪子可以瘋狂玩他的球，你們兩人的效用函數都考量到了，而且兩人都很開心。

效用函數也可以解釋醫生和病人之間經常出現的歧異。就算醫病雙方的心中同樣都以病患的最佳利益為考量，但醫師提出的治療方案病患通常都不喜歡。有時候很單純是醫師錯了，或是病患很頑固又不講理。但歧異的起因，常常是因為兩邊的效用函數不同。

舉例來說，假設醫師推薦了可以讓死亡率減少1%的療法，但代價是會引發頭痛與消化系統的不適，也就是說，會降低你的生活品質。醫師覺得值得用不適換取療法的益處，但你不太確定。為何雙方的意見會有差異？

　　醫生主要考量的，是讓病患活下去。你的醫師可能把「讓你活下去這件事」的效用值評為正1萬，正1萬的1%是正100。另一方面，醫師也許不太在意生活品質的問題（生活品質難以評估和量化，也比較少有人研究）。因此，對於療法引發的各種不適，你的醫師給的效用評等可能僅有負20。由於正100勝過負20，因此醫師推薦了這項療法。

　　你可能和醫師一樣也很在意存活率，因此對於能降低1%死亡率這件事，你給的效用值也是正100。另一方面，生活品質對你來說也很重要，你對於療法引發的不適給出的效用值為負200。所以，對你來說，不適引發的負200效用，勝過提高存活機率的正100，你認為這套療法看起來不是什麼好主意。

　　下一次你發現自己處在這種情境時，不要大吼大叫，不要陷入恐慌，也不要威脅要告醫生。你只要平靜且客氣地解釋：「抱歉，醫師，但我要拒絕你建議的治療方法，因為我的效用函數和你的不一樣。」

07

藥命真相
「研究證明」的陷阱

我們不斷聽到「研究證明」了這個那個。清潔劑製造商告訴我們，如果用他們的產品，就能把襯衫洗得潔白如新。城市規劃專家告訴我們如何疏導交通。藥廠指稱買了他們的藥丸可以救我們的命。醫師告訴我們某些療法無疑是最佳選項。電視廣告裡戴著眼鏡的演員身穿實驗室的白袍、帶著文件夾，告訴我們無糖口香糖的益處。在每一個案例中，都有人向我們保證，研究支持他們提出的結論。本地酒吧裡的大嘴巴宣稱，「研究證明」了他有意傳揚的每一項意見。

通常，我們會信任（引用、或是乾脆杜撰）結論和自己意見相符的研究，並駁斥或忽視不同者。但這樣做理性嗎？難道我們不能從研究本身，學到任何具體的知識嗎？

可以的。確實，具備一點點的知識和機率觀點，就能教會我們要信任哪些研究，以及何時可以信任。

神奇藥物真能救命？還是碰運氣？

　　一般的醫學研究進行方式可能如下。某種疾病（且讓我們稱之為波氏病〔Probalitus〕）的致死率為50%。而某家藥廠開發出新藥，宣稱能降低波氏病的致死率，這是真的嗎？

　　為了檢定這項主張，有人委託進行研究。很多波氏病的病患一同被納入研究，並且拿到藥物。然後研究人員觀察研究中的致死率。要解答的問題是，這個比率與之前疾病的50%致死率相比之下有何變化？

　　如果研究中的致死比率高於50%，那就是壞徵兆，這種藥物很可能是失敗之作，藥廠得要重回開發階段，加以改進。若是這樣，研究就保護了人們免於服用無用（甚至有害）的藥物。到目前為止沒有問題。

　　但現在假設研究中的致死率低於50%，就說參與研究的病患僅有40%死亡好了。相比之下，沒有服用藥物的病患（平均而言）死亡率為50%。如果是這樣，這種新藥聽來前景看好，確實有望降低波氏病的危險性。

　　真的是這樣嗎？問題是，致死率降低是證明了藥物有用，還是只因為我們運氣很好？到了什麼階段，我們可以準確地下結論說「研究證明」這種藥物有用？

是運氣，還是實力？

「我籃球打得很好。」你男朋友自誇，「我從球場的另一端就可以得分，幾乎每次都可以！」

你厭倦了男友的吹牛，決定要試他一試。某天深夜，你們帶著籃球一起去健身房。他站在一端，膝蓋蹲低，朝著遠方的籃框投球。

當球以優雅的拋物線飛過空中，時間靜止了。球飛太遠了。不，等等，可能不夠遠。

總算，球開始落下，朝著守候著的籃框的方向，在空中滑行。球往下落，接著，終於……球進籃了，他辦到了！

「好耶！」男友大叫，「我就**跟你說**我辦得到！」

「啊，你只是運氣好。」你回嘴，「憑好運進籃無法證明任何事，我賭你無法再得分。」

男友嘆氣。「喔，別這樣。」他哀號，「我要投進幾次，你才相信這不只是好運？」

好問題。

來看一個具體範例。假設研究只牽涉到三位病患，每一位都患有波氏病。假設這三位都拿到新藥，而且三人都戰勝病魔活了下來。你可能會認為，太棒了。沒有這種藥物的話，有50%的病患會死亡，但有了藥之後，看來每個人都活了下來。讓我們馬上把這款新藥推上市場吧！

但，我們很確定這番結論是對的嗎？或者，我們只是運氣好？這種藥真的幫忙三位病患活下來了嗎？還是，這三位能好轉純粹是因為剛好，這種藥根本沒有效果？

　　這個問題和另一種情境有關，就是我們之前最喜歡的情境：擲硬幣。（硬幣作為貨幣工具已約有兩千七百年。無疑地，人們拿硬幣來丟的歷史也差不多有這麼久。因此，機率學家不斷提到丟硬幣，也就不出奇了。）假設你的朋友用擲硬幣來分糖果。針對盒子裡的每一顆糖，他都用擲硬幣來決定。如果丟出人頭，他就得到糖果。假如是字，換你得到糖果。假設他前三次丟硬幣都丟出人頭。這是代表他作弊，用了兩面都是人頭的硬幣，還是耍了別的花招嗎？或者是，他百分之百誠實，只是運氣好而已？是哪一個？你要如何明辨？

　　從機率的觀點來看，你這位朋友計算人頭朝上的次數，和波氏病研究統計存活者，都是一樣的情境。在這兩種情況中，問題都是：得出的是真正的結果（藥品有用或朋友作弊），還是只是出於運氣？

　　為求能把真正的結論和「全憑運氣」分開，我們必須考慮「p值」。這指的是事實上新藥根本無效，你的朋友也沒有作弊。我們會看到上述讓人訝異的結果，完全是運氣使然。

　　在上述的波氏病研究裡，如果新藥無效，每位病患的存活機率都是50%。因此，三名病患都可以活下來的機率，是50%×50%×50%，答案是12.5%。而提報波氏病研究時，我們可以說，新藥有助於降低疾病的致命率，p值是12.5%。

同樣的，純粹因為運氣連續擲出三次人頭的機率也是12.5%。因此，無論是哪一種情況，我們都可以說研究的 p 值為12.5%。

　　那麼，p 值有何意義？答案是，如果 p 值很高，你得出的結果很可能只是靠運氣，研究證明不了什麼。但假如 p 值非常小，你得到的結果就不太可能純粹是運氣的作用，也就是說，你的藥非常可能有正面療效。

　　而波氏病研究的 p 值是 12.5%。這個值算很小，因此我們可以推薦所有波氏病患者服用這種藥嗎？或者，這個數值算很高，讓我們可以駁斥研究結果，直指一切都是運氣所致，新藥的效果並不具顯著性？

武斷的 5%

　　我們永遠都要小心，不可草率跳到結論上。要避免發生這種事，就需要一套檢驗標準，指出 p 值要低到什麼地步，才代表真正取得研究成果。在醫學、心理測驗以及其他領域，傳統的標準是 5%。換言之，如果任何研究結果的 p 值低於 5%、或是說單純因為運氣而發生的機率低於二十分之一，那就會被視為「統計上具顯著性」。另一方面，如果 p 值大於 5%，得出的結果很可能是運氣的作用，因此不具統計顯著性。

地鐵上的可疑人士

　　你正搭乘地下鐵，並注意到一些事。有一個身形高大的男子看起來不太尋常。這件事為何會困擾你？

　　因為他的鬍子。他的鬍子是紅色的，而且很茂密，就像所有間諜電影裡的蘇聯KGB特務一樣。沒錯，此人就是KGB餘孽！

　　你心裡想著，「冷靜下來」。普通人也可能留著一嘴茂密的紅色鬍子，這無法證明任何事。但看看他的靴子，是鋼頭，靴子全黑，還有很粗的鞋跟。一定只有KGB特務才會穿這種鞋子！

　　不，不，你提醒自己。可以想像誠實守法的公民也會穿著笨重的鋼頭黑靴。等等，他的大外套裡面有一塊突起是怎麼一回事？一定是槍。他一定是變節的KGB特務，想要破壞你的生活方式！你一定要採取行動，不能再浪費時間了。

　　為了讓這個世界安全享有民主，你跳出來對付此人。他意外又震驚，但沒有抵抗。

　　警察來了，仔細盤查之後發現，他是來自加拿大薩斯喀徹溫省（Saskatchewan）的小麥農，剛好留著茂密的紅色鬍子，剛好喜歡笨重的黑色靴子，剛好把錢包放在外套的口袋裡。警方誠心地向他道歉，並釋放了他。

　　反之，你被控無故攻擊他人並遭到定罪，之後被關了六個月。

那我們的波氏病研究怎麼樣？在這裡，病患僅有三人，p值為12.5%，遠高於5%。因此，這項研究完全**沒有**確立「藥物確實能降低疾病致死率」的結論。

　　另一方面，如果波氏病研究裡有五位病患，而且每個人都存活下來，p值就等於50%連乘5次，答案是3.1%。這個值低於5%，因此在統計上有顯著性。那麼，我們就可指出結果並非只出於運氣，藥物確實有助於對抗這種疾病。

　　同樣的，假如你的朋友連續三次都丟出人頭，他很可能只是運氣好，你應該放過他。但如果這個模式持續，他連續丟出五次人頭，你可能想要仔細檢查一下他擲的銅板。

　　科學界廣泛使用最高5%的誤差率，這在統計上相當於律師的「排除合理懷疑」（按：指法院要判決有罪，必須根據不足以產生合理懷疑的證據才行）標準。但精確的5%，其實是很武斷的數字。此外，這個值容許醫學研究出錯的機率達二十分之一。**事實上，5%的標準是1920年代由費雪（R. A. Fisher）選定的**，他是英國一位農業研究員，並被推為現代統計學之父。他認為，這個數值夠小，而且在數學上也很方便。有些統計學家覺得，為了避免出現假性結論，要達到統計顯著性必須要求p值低於1%。（p值要低於1%，波氏病研究裡要有七名病患、而且全都存活。或者，擲硬幣要連續丟出七次人頭，五次還不夠。）就連費雪都同意「如果二十分之一看起來勝率還不夠高，想要的話，我們可以把標準畫在五十分之一，甚至一百分之一。」

　　相關的爭論仍在延燒中，但在此同時，大多數學術研究領域

的標準仍為5%。還好，很多刊出的研究報告都會提報實際得到的p值。因此，如果你想的話，可以自己查一下。在某些情況下，p值是4.9%，某些時候則極低（比如0.5%或更低）。研究的p值指向你對於得出的結論多有信心：p值愈小，純粹因為運氣才出現特定研究結果的機率就愈低。下一次如果你的醫師再度引用某項醫學研究，請不要盲目地照單全收，先問問研究的p值是多少。

請記住，有時候「單純出於運氣」才發生的事件，也可幫助我們理解一些日常事件。均值迴歸原則說，我們觀察到的極端或意外事件，起因常常是真正有差異性再加上運氣的影響。因此，未來很可能減緩（亦即，回到比較「常見」的數值）。舉例來說，如果學生在某一次考試表現甚佳，很可能是因為他很聰明，但也有可能是他很好運。因此，考第二次時，他很可能還是考得很好，但不像第一次這麼傑出，這一次他說不定沒運氣了。在此同時，某個學生如果第一次考得很差，第二次可能表現得稍好一些。再舉個例子，假設有一個人非常高，那麼，他生出的孩子身高也可能高於平均值，但不會像爸爸這麼高。或者，假設某位運動員在某一場比賽當中技冠全場，下一次的表現說不定就沒這麼好。均值迴歸有時候會被投資人拿來運用，他們主張，如果某一檔股票忽然下跌，很可能只是運氣不好，很快就會反彈。因此，此時或許是多買一些股份的好時機。（當然，這種事沒辦法保證。這檔股票下跌或許其來有自，說不定只會繼續下探。）均值迴歸，是所有父母在經歷了糟糕的一天後，會對小孩所說的話的

統計版，而那句話是：明天會更好。（反之，如果今天是一個超棒的日子，那明天可能會糟一點。）

小心，你可能被誤導了！

現在，規則很清楚。要驗證某個說法是否屬實（比方說某種藥物可以增進健康、某牌清潔劑的效果更好等等），我們要進行研究，然後計算出 p 值：p 值是研究結果純粹出於運氣的機率。如果 p 值低於 5%（或者，更好的是，低於 1%），那麼，研究得出的結果就具備統計顯著性，因此可以相信研究的結論。

到目前為止都沒問題。然而，研究要能成立，我們必須確保沒有偏誤。而應該要擔心的偏誤有幾種，其中一種發生在根據病患的身體狀況，來選擇研究受試者。

人人敬愛的教育班長

教育班長帶著微笑迎接你，和你握手。「哈囉，上校，我相信你會發現我的部隊很認同我的領導風格，且讓我們來問問大家吧。」

他帶著你進入營區，他的部下已經集合好了。「班德！」他點了其中一人，「你認為我在部隊領導上的表現如何？」

班德遲疑了。「唔，嗯，長官，」他小心翼翼地開口，「您確實有一種傾向……」

「安靜，班德！」教育班長大吼，「卡德！換你説，你認為我在部隊領導上的表現如何？」

卡德站了起來，平靜地開口：「嗯，長官，非常坦白地説，我的意見是……」

「閉嘴，卡德！」班長咆哮，「法羅，你認為我在領導部隊上的表現如何？」

法羅站起來。「這何必問？長官，我很欣賞。我認為您堅毅的做法，正是我們所需要的。」

「謝謝你，法羅。」教育班長回答。

他轉向你，繼續説：「上校，您看，我就説他們都很認同我的領導風格！」

如果抗波氏病藥物的製造商非常急於證明自家藥物的價值，他們可以耍花招：在研究中只把藥物發給不管如何都會康復的病患。透過這樣的操作，研究中的多數病患都會康復，但不是因為藥廠的藥物有效，而是因為藥廠不管怎樣都能表現得很好。研究的 p 值確實很低，但這是因為他們作弊。

這個問題稱為抽樣偏誤（sampling bias）。要避免這種偏誤，研究應該（而且通常都會）隨機指定病患。舉例來說，他們可以針對每一位自願加入研究的波氏病患擲硬幣，如果丟出來的是人頭才給藥。這樣一來，不管病患各自的健康狀況如何，能不能拿到藥品的機率都一樣。

我們都在電視上看過知名歌手或演員的親身說法，說到他們

的出身有多低微,在沒有收入之下奮鬥了好多年,最後終於被發掘並掙得財富。這類故事鼓舞了很多懷抱熱望的表演者,讓他們甘願付出所有精力琢磨自己的技藝,期待也能得到同樣的榮光。然而,現實是,渴望成為搖滾巨星的人成千上萬,但他們都沒有成功。能上電視接受訪問的,只有這些極少數有成就的人。因此,這些成功後的專訪,構成的是有偏差的努力向上歌手樣本,勾畫出的是誤導性非常濃厚的情境。

我們之前談過,媒體常常過度渲染謀殺,這種傾向也可視為一種偏誤。每天,99.99998%的人都不會遭人謀殺,但媒體把重點放在極少數的受害者身上。從新聞報導的觀點來看或許很合理,但這麼做的結果,是報紙的標題用偏誤的角度,來描繪他們應該公正報導的社會。

報告偏誤(reporting bias)也有類似的問題。比方說,在統計研究結果的總數時,公司會便宜行事地「忘記」提報某些服用藥物、但仍死亡的病患。或者,他們便宜行事,某些病患尚未康復就先判定已經康復了。這些不一致都會導致研究結果偏頗,使得結果無效。

要避免這些偏誤,研究不應該由可從結果當中獲得利益的人或公司來執行,而是由無涉利益、客觀且獨立的專業組織,來執行研究並提報結果,不偏袒任何一方。這樣一來,就可以公平抽樣並準確提報,不會對結果造成任何影響。

正因偏誤可能細微到難以察覺,這也為那些讓人百思不得其解的做法,提供了解答。比如,很多地方會隨機選定成年公民,

請他們來履行陪審責任。這些人執行義務之後，幾年內不會再被徵召。但為何不能永遠免除他們的義務，或者，至少等每個人都輪過一次之後才徵召他們？答案是，這樣的規則會引發偏誤，陪審員人選會慢慢導向還不曾履行義務的少數公民身上，這一群多半是年輕人和新移民。而當權者認為，這種陪審團並不足以代表整體人民。正因如此，才沒有制定永久排除的規定，也因此，有些人會擔任陪審員三、四次，有些人一次也沒有。看起來不公平，但至少可以避開偏誤。

　　報告偏誤有時也會以出人意表的形式出現。一位我認識的學生最近接到電話，對方要針對學生的學貸負擔做調查，執行調查的是一所大學的學生會。我的學生說，他沒有這類債務，但他最近買了一棟公寓，要背負高額的房貸。那他應該算是有負債，還是沒負債的人？調查人員就這個意外情況想了一下，接著，他說，如果算成負債的話，對於他們要推動的志業有利（他們的行動就是為了指出負擔高額學貸造成的問題），因此我的學生也算在內。顯然，如果是考量研究發起人想要什麼才做決定，整項研究都要視為無效。

讓人灰心的飲食法

　　你想減重，因此讀了各種流行的飲食計畫，並下定決心遵循。早餐你選擇牛排加蛋，搭配奶油和培根，你很滿意你的低碳飲食法。午餐時，你吃了大分量的白麵包配蜂蜜，一杯無酒

精飲料，兩支冰棒，你很開心地遵循低脂飲食法。晚餐時，你吃了三片塗了花生醬的全麥麵包，一大盤的茄汁全麥義大利麵，再加上一大杓糙米飯，你為了自己能實行高纖飲食法而感到自豪。傍晚點心時間，你吃了一球淋了巧克力醬的冰淇淋，這是謹守少量飲食法。

隔天，你很震驚地發現體重又增加了，但你明明每一次要吃東西的時候，都謹慎遵循飲食法啊！到了這時候，你才想到，身為謹慎的飲食法奉行者，你的自我評估似乎有誤，因為你每一次都是根據你想要吃什麼，來決定要遵循哪一種飲食法。現在開始，你最好只挑一種飲食法然後堅持下去，這樣才可以避免偏誤，或許可以減一些體重。

引用影評的電影廣告也有類似的問題。基本上，每一部電影都會獲得**某些**影評人的青睞，他們的評論一定會出現在這部電影的廣告裡。然而，具備機率觀點的觀眾會忽略這些廣告，他們會改為挑選一位或幾位特定的影評人（以我為例，通常是羅傑‧埃伯特〔Roger Ebert〕），並根據這些影評人的說法挑電影。但這麼做並不是出於這些影評人一定比其他人更明智或更富洞見，而是在比較不同的電影廣告時，如果能堅持看幾位相同的影評人，就可避開電影行銷人員傳達的偏見，他們會特別挑選有利於宣傳自家影片的影評。

任何 p 值皆危險

現在，我們知道研究應交由獨立的專業人士執行，並根據p值來解讀結果。就這樣，對吧？不必然。

小時候我們就學會了一招，如果媽媽說不可以，那就去問爸爸。這樣一來，你可以出去玩的機率幾乎倍增。然而，遺憾的是，大公司也有簡單的方法可以做類似的事，稱為「出版偏誤」（publication bias）。具體來說就是，公司委託多項研究，但僅發表一項對公司有利的結論，其他的就束之高閣。

快樂製帽公司的騙局

你身為快樂製帽公司的執行長，近來憂心忡忡。你的公司非常成功，但最近的銷售量不斷下滑。你要如何才能再度喚起大家的興趣？你決定委託一項研究，談談快樂製帽的益處。你聘用一位一流的專家做研究。專家集結了幾百位受試者，隨機分成兩群：一群請他們戴快樂製帽的帽子，另一群不戴。一個月之後，再來衡量與比較兩個群組的快樂程度。

研究結束時，專家交給你一份完整的報告，你很急著要讀。但你的熱情很快轉為絕望。研究的結論指出，有沒有戴快樂製帽公司的帽子，對於受試者的快樂程度來說**完全無異**。

你不是隨便放棄的人，於是你再試一次。這一次，你請來100位獨立專家。你付錢給每一個人，要他們重新做一次快樂

製帽的研究。另外，你在他們的合約中加了一條小小的附加條款，規定他們最後只能把報告交給你，不可拿給任何其他人。

報告終於來了。可惜的是，多數人得到的結論又是快樂製帽並未造成任何差別。事實上，有些人甚至認為，快樂製帽會造成傷害。然而，第57號研究（喔，超棒的57號！）說，戴上快樂製帽的帽子會剛好很走運，也因此，研究的結論說快樂製帽可以提高幸福程度。p值看來很不錯，數值很小，遠低於5%。太好了！

你大肆宣傳第57號研究。你在期刊上發表，在電視上做廣告，在電台裡大談特談，並在各地的布告欄上張貼了這份研究。當懷疑的人要求取得進一步的資訊，你就介紹他們去找執行第57號研究的專家，對方證實自己完全沒有偏誤，而且是以謹慎且公平的態度做研究。每一個人當然都感到十分佩服，快樂製帽也因此重新找回活力，你的公司也比以前更富有。

那其他99項研究呢？這麼說吧，你那部大容量的碎紙機當晚發揮了很大的用處。

你可能認為，不會有公司隱藏或銷毀他們委外的研究。但事實上，在由藥廠（以及其他公司）提供資金的醫學研究中，合約通常都會約定，除非公司同意，否則不得發表研究發現。這樣一來，公司就可以干涉要發表、以及不發表哪些研究。

1996年，多倫多病童醫院（Toronto's Hospital for Sick Children）研究人員兼全球知名的內科醫學與血液學專家——南西‧

奧莉薇麗醫師（Dr. Nancy Olivieri），接受奧貝泰克（Apotex）藥廠委託進行臨床試驗，使用奧貝泰克的去鐵酮藥物，治療患有地中海型貧血的孩童。一段時間之後，奧莉薇麗醫師確信去鐵酮有時候會引發肝纖維化，這是可能致命的肝臟損傷。她認為這個問題非常嚴重，應該讓大眾注意到這件事。但奧莉薇麗醫師和奧貝泰克公司簽下的合約規定，在沒有取得奧貝泰克明示同意之下（他們拒絕了），她在三年內不得發表研究結果。

然而，奧莉薇麗博士仍不顧一切選擇公開。1998年，她在《新英格蘭醫學期刊》（*New England Journal of Medicine*）發表相關的發現。奧貝泰克的因應之道，是威脅著要採取法律行動，奧莉薇麗博士也被撤銷病童醫院的研究員職位（但她後來在鄰近的多倫多醫院分院復職）。這件事在整個醫學研究社群引發極大爭議。奧莉薇麗博士這件事之所以沸沸揚揚，是因為大家明白了以提供資金的機構大力影響醫學研究來說，此事雖是最引人關注的事件，但絕對不是唯一一件。

接下來的爭論，有一些把重點放在奧莉薇麗博士得出的結論是否正確：去鐵酮是否真的有害？有些專家說有，有些則主張沒有。從醫學觀點來說，準確評估去鐵酮（以及其他藥物）的風險，當然非常重要。但從機率觀點來說，重點是出版偏誤。要不要發表研究結果，這個決定應僅根據研究本身的品質，而不是誰會喜歡、或不喜歡研究得出的結論。根據喜好來檢核，會讓結論偏離客觀事實，從而導致 p 值和其他統計結論毫無意義。

類似的出版偏誤範例還有很多。1990年，加州大學舊金山

分校（University of California at San Francisco）臨床藥學家貝蒂・董博士（Dr. Betty Dong）判定，治療甲狀腺疾病的藥物左旋甲狀腺素（Synthroid）的藥效，並未優於其他比較便宜的替代品，左旋甲狀腺素的製造商博姿公司（Boots Company）對此暴跳如雷。他們試著說服董博士修改結論，但她拒絕，公司就聘請顧問設法汙衊她的研究。1994年，《美國醫學學會期刊》（*Journal of the American Medical Association*）正要發表董博士的研究之際，博姿公司採取法律行動，引用研究的資金贊助合約，指出不得在未取得博姿公司的同意之下，公開發表研究結果。在媒體大幅報導、再加上公司和大學官方之間多次的高層會議之後，本項研究最終在1997年於《美國醫學學會期刊》上發表。（到了此時，博姿公司已經被另一家顯然沒有這麼咄咄逼人的公司收購。）

　　而抗發炎藥物偉克適（Vioxx）引發的爭議，也被視為一種出版偏誤。2004年9月，製造商默克（Merck & Co.）下架這種藥物，理由是有愈來愈多證據指出，這會嚴重提高心臟病發的風險。確實，2005年1月《The Lancet》期刊發表的研究估計，偉克適很可能引發了8萬8,000件到14萬件嚴重冠狀動脈心臟病。《華爾街日報》以及其他報章雜誌報導，默克的研究人員幾年前就懷疑會有這種風險了。早在1997年，公司內部往來的電子郵件就提到「可能提高心血管疾病發作事件的機率是一大隱憂」，以及，2000年3月前，默克內部已經承認和偉克適有關的心血管問題「顯然存在」。但默克把這些訊息封鎖在公司內部，繼續宣

稱偉克適很安全，並於2000年4月發出新聞稿，標題是〈默克證實偉克適在心血管方面，具備良好的安全性〉（Merck Confirms Favorable Cardiovascular Safety Profile of Vioxx）。一份內部訓練文件甚至指示默克的行銷人員要「閃躲」問題，避答偉克適對於心血管系統所造成的影響。此外，2002年，默克控告西班牙的研究人員胡安－拉蒙・拉波特博士（Dr. Joan-Ramon Laporte），因為他不遺餘力批評偉克適和默克（控訴最後被法院駁回）。史丹佛大學醫學院的詹姆士・佛瑞斯教授（James Fries）寫道，好幾位批評偉克適的醫學研究人員都接到電話，遭到「默克以調查人員一貫的威嚇模式」威脅。雖然偉克適的危險真相終於公諸於世，但比本來應該花的時間多耗了好幾年。因此，我們也應該憂心其他仍祕而不宣的藥物實情。

諸如此類的爭議，讓醫學研究金主的慣常手法無所遁形。事實上，這些贊助商多半對研究結果有既得利益，有權拍板要公開哪些研究。但這種做法會引發風險，因為企業僅會發表有利於自家產品的研究。若是這樣，每一項個別研究的p值和其他機率值完全都是誤導，因為這當中沒有考慮到層面更廣的問題：選擇性地發表數據。如果是反企業鬥士拉夫・奈德（Ralph Nader）律師，他可能就會說：「任何p值皆危險。」（按：這位律師致力於美國消費者權益，曾針對汽車設計的安全性寫過一本書，書名是《任何速度皆危險》〔Unsafe at Any Speed〕。）

醫學界最後鄭重看待這個議題。2001年，國際醫學期刊主編委員會（International Committee of Medical Journal Editors，其

組成會員包括《美國醫學學會期刊》、《新英格蘭醫學期刊》、《The Lancet》以及《加拿大醫學學會期刊》〔*Canadian Medical Association Journal*〕在內的十一家一流醫學研究期刊主編〕宣布，從今以後，所有在他們的期刊上發表的研究，「贊助者不得直接、或間接對於發表完整研究結果，施加任何阻礙，包括認知上有損產品的數據。」

顯然，這些主編都用上了機率觀點。

成為會長更早死？看電視讓人更暴力？

就算用適當且客觀的方法做研究，也精準使用p值並享有充分的發表自由，仍要保持謹慎才能正確解讀結果。通常，結果看來暗示了一件事，實際上卻意味了另一件事。

跳躍的青蛙（老掉牙的笑話）

你想要判斷青蛙的腿和牠的跳躍能力之間有何關係。因此，你找來一隻青蛙和一把量尺，把青蛙放在一端，然後說：「跳！」青蛙聽話又合作，往空中一躍，落在82公分遠處。「啊哈！」你宣布，「青蛙用四條腿可以跳82公分遠。」

你繼續做研究，拿出一把鋒利的解剖刀，切下青蛙的左前腿。（這隻青蛙一向很熱心於推動科學發展，一派鎮定堅忍地接受實驗。）你讓青蛙回到起點。「跳！」你再度發號施令。

青蛙往空中一躍，這一次落在47公分之處。「啊哈！」你很興奮地說，「青蛙用三條腿可以跳47公分遠。」

你又切掉青蛙的右前腿，重複做實驗，這一次青蛙落在18公分處。「啊哈！」你驚嘆，「青蛙用兩條腿只能跳18公分遠。」

之後你切下青蛙的左後腿。青蛙以難看的姿勢溜出，落在5公分處。「哇！」你大叫，「青蛙用一條腿還可以跳5公分遠。」

最後，你切下青蛙僅剩的一條腿。「跳！」你下令，但青蛙不動。

你很惱怒，又說了一次：「跳！」青蛙還是沒反應。「跳！」你大叫，但青蛙仍完全沒有動靜。

「這太有意思了！」你激動地侃侃而談，「這個結論真是太有趣了。」

你一邊想像自己明年獲頒諾貝爾獎的情境，一邊練習發表這番讓人震驚的發現：「沒腿的青蛙是聾子！」

如果想要進一步理解判斷原因有多困難，來看一個經典（但有點誇大）的範例。現在已經很確定，吸菸會大幅提高得肺癌的風險，但兩者之間的關聯性一度也有爭議。剛好的是，吸菸有時候會導致吸菸者的手指出現輕微（但無害）的泛黃汙漬。

現在，假設有一位研究人員，他不太懂吸菸這件事，但他想要判定是什麼原因引發肺癌。他可能注意到，很多肺癌患者手指

上也有泛黃汗漬。當然，**實際上**，這是因為兩個因素的起因都是吸菸。但如果這位研究人員不懂，他很可能錯誤地指出：**泛黃的手指汗漬導致肺癌**。

想像一下這種錯誤的結論會引發哪些問題。家長不會讓孩子拿黃色的蠟筆來玩，免得他們汗染了手指罹患肺癌。抽菸的人可能會戴上乳膠手套，這樣就能「安全地」抽菸，避開有害的泛黃汗漬，同時間，用他們根本不知道會要了自己的命的焦油和尼古丁充滿整個肺。家庭醫師可能會改為在顯微鏡下檢查病患的指間，忽略了其他細微的事，比方說聽聽病患發出呼呼聲的肺。因此，隨便誤解是什麼因素造成什麼現象，恐怕會導致嚴重後果。

關於如何因應這個問題，統計學家有話要說：「有相關不代表有因果關係。」常常會同時出現的兩種特徵，例如得肺癌和手指有泛黃汗漬，彼此有**相關性**，但不必然證明是一者導致另一者。雖然沒有人會當真推斷泛黃汗漬導致肺癌，但是「什麼因素導致什麼事情」這個問題在許多情況都經常出現。

冥想醫學奇蹟

數據看來無可爭辯：參加百萬分鐘冥想方案的學員，比一般大眾更健康。每年只要支付區區1萬美元，學員就可以接受經驗豐富的冥想大師威利·瓦利指導，每天花兩個小時進行集中精神的冥想並喚醒性靈。審慎的醫學檢驗證明，百萬分鐘冥想方案的學員血壓比較低、體脂肪比較低、肌力更強、膽固醇

較低，肺活量也大於整體人口。

現在瓦利正在說服你加入百萬分鐘冥想方案。「你難道不在乎自己的健康嗎？」他問道，「你難道不想像其他百萬冥想方案的學員一樣健康嗎？」此外，他同意給你10美元的年費折扣，但有限時間。

你還沒有掏錢，機率觀點就先跑出來了。冥想能帶來讓人訝異的健康益處，這有可能。但，同樣有可能的是，百萬分鐘冥想方案的學員是一個自我選擇的群體。這是說，想要一年花1萬美元、而且每天花兩小時來增進健康的人，一定也很重視自己的福祉，把它當成一件大事。他們很可能規律運動、均衡飲食、避免壓力、定期體檢，而且會設法好好照顧自己。

若是這樣，那就不是百萬分鐘冥想方案導致身體健康，實際的狀況可能是養成健康的習慣促使這些人加入百萬分鐘冥想方案，這個方案在增進健康方面少有、甚至沒有影響。因此，與其加入這套方案，你不如就規律運動、好好吃飯，很可能會變得更好。

「有相關不代表有因果關係。」你厲聲打斷瓦利，選擇把錢花在別的地方。

一旦我們理解有因果謬誤這回事，就隨處可見這種情況。舉例來說，最近一項針對多倫多大學醫學生做的長期研究指出，醫學院裡的學生會會長，其平均壽命比醫學院的其他畢業生短二‧四年。乍看之下，這似乎暗指在醫學院擔任會長是壞事。所以，

這表示你應該竭盡全力避免在醫學院裡成為會長嗎？

可能不是。成為會長和預期壽命比較短有相關性，但不代表就是這一點**導致**預期壽命縮短。事實上，很有可能的情況是，平均而言，在醫學院裡當學生會會長的人非常努力、認真，而且雄心萬丈。而導致預期壽命縮短的因素，可能是額外的壓力、與相應來說沒有時間從事社交與放鬆，而不是當會長這件事的問題。若是這樣，我們應該從研究學到的是，要放鬆一些，不要讓工作奪走了我們的生命。

此外，也可能還有其他解釋。有一個有些怪異的理由是，出身於家中有很多成員英年早逝的人，也比較容易年輕就過世，但這些人也更可能盡量善用他們活著的時間去做很多事，例如在醫學院裡當學生會會長。重點是，光是根據這項研究，我們並不知道為何這些醫學生會比同儕更早過世。我們可以合理地相信（並感到意外），在醫學院裡當會長的人，平均壽命比較短（這是相關的部分）。但是，我們無法確定起因：到底是成為會長導致早亡，還是因為害怕早亡使得一個人成為會長。或者，是不是因為太過雄心勃勃導致兩者，還是有其他因素。

現在有很多研究指出，平均來說，看比較多電視的人更可能犯下暴力罪行。啊哈，我們可能會想，這再一次證明了電視有害，電視上讓人麻木無情的暴力，導致人變得更暴力。不過，真是這樣嗎？或許，出身於弱勢環境、或是失能家庭的人，平均而言比較暴力（因為他們容易走投無路，也少有家長監督），而他們多半也看比較多電視，因為沒錢從事其他娛樂，或者少接觸到

其他更有益的活動。研究很有說服力地證明，暴力與看電視之間有**相關性**，但並未確立行為的根本**原因**。同樣地，有相關性不代表有因果關係。

研究，「隨機」為上

如果很多研究無法精準指出什麼因素引起什麼現象，那我們還有希望獲得任何可靠的資訊嗎？

還好，答案是有。關鍵是善用「隨機化試驗」（randomized trial）。這是指，隨機分配研究中的受試者到兩個不同群組中的任一組，不去考慮他們的健康狀況、財富等任何因素。之後，會以不同的方式對待這兩群人，比方說用藥對不用藥、成為百萬分鐘冥想會員對不加入。接著，如果兩個群體之間的結果，出現統計上具顯著性的差異，那就不會是其他原因而起。反之，當中的變化一定是兩群的待遇確實不同所致。

我們在波氏病研究中已經看到，最好的辦法是針對每一位病患擲硬幣，然後只發藥物給擲出人頭的病患。病患就這樣隨機分為兩群，實驗組拿到藥物，對照組不用藥。如果實驗組的病患存活率高於對照組，那麼，藥物可以讓病患好轉這一點必然成立。

再來想想肺癌和手指有泛黃汙漬的問題。假設我們不是單純去看誰的手指泛黃以及誰有肺癌，改為採取更積極的態度。具體而言，我們要做研究，針對每一位肺癌病患擲硬幣，擲出人頭時就把他們的手指染黃（如果擲出字，就不去管他們的手指），不

去管他們有沒有抽菸。

在這種情況下，我們（或許）會發現，兩個不同群組的肺癌比率並沒有太大差別，之後我們可以正確地得出結論，泛黃的手指根本**不會**導致肺癌。手指的黃漬確實和肺癌有相關，但不是引發後者的原因。

那麼，之後我們能否做另一項相同的研究，以判斷抽菸是否會引發肺癌？可以，但這會比較困難。我們得針對每一位病患擲硬幣，如果丟出人頭，必須強迫他們抽菸多年。丟出字，就完全不准他們吸菸。自然，病患很難配合這種研究。因此，我們必須使用比較間接的方法。

研究電視與暴力間的關係時，也會出現類似的問題。要能進行真正的隨機化試驗，我們也要丟硬幣，強迫其中一半的受試者大量看電視（每天看，看很多年），另外半組人幾乎不准看。如果隨機選定的看電視的人犯下比較多暴力罪行，那這就是明確的證據，指向電視內容導致暴力行為，必須對電視內容設限。然而，我們很難想像在任何一個稱得上自由的社會裡，可以做這種研究。

這些想像中的情境，說明了要以適當的隨機化試驗來研究「生活方式」（例如抽菸、飲食、看電視等等），何以如此困難。但在醫學研究中，研究人員可以精準控制要提供什麼藥物給每一位病患，因此這不是問題。然而，醫學研究還有另一個要考量的因素是：有時病患的健康狀況好轉，並不是因為藥物真的有效，而是因為病患**相信藥物有效**，而這樣的信念就足以讓他們覺得比

較好。為了避免這個問題，多數醫學研究會給對照組服用安慰劑（偽裝的藥）。這樣一來，病患就不知道自己有沒有服用新藥，因此會消除任何和心理有關的因素。（事實上，多數醫學研究都以「雙盲」的方式進行，就連醫師也要到之後才知道哪些病患拿到真正的藥、哪些病患拿到安慰劑，避免醫師透露出更細微的線索。）

隨機化藥品試驗有時候會引起道德議題。舉例來說，專家相信抗愛滋病毒（antiretroviral）藥物療法，有助於減緩愛滋病散播。因此，如果考慮道德面，應該要給所有愛滋病患服用最有希望治癒的抗愛滋病毒藥物。另一方面，為了取得科學證據、以獲知這些藥物的療效，研究人員需要不服藥的對照組病患。

道德面的短期行動（給所有病患最好的藥物）與科學面的長期行動（進行對照研究，某些病患不給藥）之間的衝突，很難化解。我自己對於這類爭議性問題的反應，是我很高興我不是醫學研究人員。

08

不會發生那種事啦！
日常生活中的「低機率事件」

　　極不可能發生的事時不時就會出現，這是不用多說的真理。這些奇特且意外的巧合讓我們訝異，但其實當中有很多事都可以透過思考「這是幾分之一」來解釋，也有可能是我們之前應用「忽略極不可能」原則、斥之為不可能發生的事。不管是哪一種，從各種不同的面向來看，機率極低的事件都非常有意思。

　　當人們在想不可能發生的事，就會想到被閃電擊中這種事。我們都在許多暴風雨情境之下看過閃電，聽過雷聲隆隆。但閃電打到人真的非常很罕見，更罕見的是真的電死人。

　　然而，有多罕見？我們已經知道，2000年，美國只有50件遭閃電擊中身亡的案例。確實，上述這個數字描述了典型的情況：從1990年到2003年這十四年間，美國國家閃電安全研究院（National Lightning Safety Institute）提報，全美僅有756件被閃電劈死的案例，平均來說一年有54件。與每年總死亡人數250萬

人相比，每5萬人中僅有一人是被閃電打死。在單一年度內，平均來說，每600萬美國人中，僅有一人遭閃電打中身亡。這很罕見。

而這一罕見性最近被反吸菸的廣告拿來好好應用，廣告的畫面是一位女性在雷雨交加中站在山丘上，手握一支金屬長桿，正在等著閃電打上身。這位女士說她的行為舉止可能看來很瘋狂，但是和吸菸的愚昧相比之下，根本不算什麼。我們知道，肺癌在所有死因中的占比約7%，這比因為閃電電擊而死的人多了約三千倍。廣告的製作人顯然具備機率觀點。

另一方面，每個人遭雷擊致死的機率也不太一樣。如果你住在常風雨交加、雷聲大作的地區，或是經常在暴風雨來襲時待在室外，或住在少有高樓大廈可以吸收閃電的平緩地區，就比較可能會因為閃電電擊致死。從1990年到2003年，在美國，佛羅里達州有126件閃電致死案件，德州有52件，但麻州僅有2件。表8.1以每10萬人每年死於閃電電擊的平均數為基準，顯示從1990年至2003年間，美國最危險的閃電奪命州。

表8.1：1990-2003年，最危險的閃電奪命州

州別	人口數（2000年）	總數	每年比率
懷俄明	493,782	14	0.203
猶他	2,233,169	22	0.070
科羅拉多	4,301,261	39	0.065
佛羅里達	15,982,378	126	0.056
蒙大拿	902,195	7	0.055
新墨西哥	1,819,046	14	0.055

以閃電來說，相較之下，人口稠密的麻州和加州相對安全。

表8.2：1990-2003年，閃電奪命比率最低的安全州

州別	人口數（2000年）	總數	每年比率
麻州	6,349,097	2	0.0023
加州	33,871,648	8	0.0017
阿拉斯加	626,932	0	0.0
夏威夷	1,211,537	0	0.0
羅德島	1,048,319	0	0.0

　　其他國家的情況如何？NationMaster網站提報，每年閃電奪去最多人命的國家，是在墨西哥（223）、泰國（171）、南非（150）和巴西（132）。然而，如果以每10萬人的死亡率來看，最危險的閃電奪命國家為以下幾國：

表8.3：年平均閃電奪命率最高的國家

國家	總人口	死亡人數	每10萬人的平均死亡率
古巴	11,263,429	70	0.621
巴拿馬	2,960,784	17	0.574
巴貝多	277,264	1	0.361
南非	42,768,678	150	0.351

　　當然，即便是這些國家，每年因為閃電而喪命的人數，與總死亡人數相比也只是很微小的比率。請注意，可憐的巴貝多在最危險國家的排行榜上排到了第三名，但是只有一人死於雷。這全是因為這個國家人口極少，就算只有一人死亡也是很多。

　　而閃電在區域上的分布不均，也有助於解釋其他巧合。舉例來說，2002年，豪爾赫．馬奎斯（Jorge Marquez）遭閃電擊中，這是他人生中的**第五次**，真是不可思議。（他毫髮無傷活下來，但第一次時他的頭髮燒焦，補的牙也掉了。）由於被閃電擊中相當罕見，馬奎斯的經驗看來完全視機率為無物。另一方面，馬奎斯是古巴農民，可想而知他常常待在戶外，就連下雨天也要出門。此外，我們剛剛也看到，古巴是最危險的閃電奪命國家之一。所以說，馬奎斯被閃電擊中的機率，很可能比在地球上隨機選出的人更高。就算是這樣，我們也必須要說，他實在是運氣很不好的人。

　　講到運氣不好，助理導演楊恩．米凱利（Jan Michelini）在義大利拍攝導演梅爾．吉勃遜（Mel Gibson）的電影《受難記：

最後的激情》（*The Passion of the Christ*）時，被閃電擊中兩次
（但他的傷勢不重）。不過，這是不是上天的干預，就不得而知
了。

大錯特錯的「成婚危機」

有些事件極不可能發生，因此變成了陳腔濫調。有哪一對父
母沒對孩子說過，除非中了樂透，不然還是得乖乖整理房間？或
者，他被閃電打到的機率還比增加零用錢高？（我也想到「等到
地獄冰封了再說吧」〔until hell freezes over〕這句話，但我手上
沒有資料，無法算出發生這種事的機率。）通常這些指稱都不精
準，卻無傷大雅又很有趣。但有一種比喻法卻在相對有害之下，
成為流行文化的一部分。

1980年代中期，耶魯和哈佛大學的研究人員開始研究美國
的婚姻模式，以及這和美國人口年齡結構間的關係。他們得到的
初步結論是，四十歲的未婚女性未來會結婚的機率僅有1.3%。
1986年西洋情人節那天，康乃狄克州斯坦福市（Stamford）出刊
的《倡言報》（*Advocate*）登出一篇短文，裡面提到這個數值。
之後，全美以及海外的各大報社都講到這篇報導，引發全球廣泛
討論嬰兒潮女性的「成婚危機」。這個主題非常契合當時保守主
義的反女性主義氣圍，並暗指會出現這種「缺男人」的結果，要
歸咎於女性追求經濟上的平等，因為男人情願和經濟地位較低的
女性結婚。《新聞週刊》（*Newsweek*）的封面報導說：「聰明的

年輕女性多年來一心一意追求事業，以為等時機到了，她們就可以得到丈夫。她們錯了。」

接著，《新聞週刊》公然蔑視全世界的機率學家，宣稱四十歲的單身女子被恐怖分子殺死的機率，還高於能結婚。此一「事實」很讓人震驚，流行媒體不斷重複宣傳，多年之後才慢慢冷卻。《新聞週刊》的主張對女性造成傷害，引發不必要的恐慌，還暗示婚姻是每位女性的第一目標，除此之外，根本上更是大錯特錯。

我們知道，即便是在2001年，每9萬4,000個美國人裡，也僅有一人會被恐怖分子殺害，算出來的機率等於0.001%。比起前述研究宣稱1.3%的成婚機率，還低了很多、很多。（2001年之前的年度，美國本土幾乎不存在恐怖行動，遭到恐怖分子殺害的機率更低。）因此，不管《新聞週刊》說了什麼，都是既沒有邏輯也不精準。（《新聞週刊》裡一位實習生日後堅稱，會提到恐怖分子，一開始只是辦公室裡的笑話。）

過沒多久，就連1.3%這個數值都有人開始質疑了。蘇珊‧法露迪（Susan Faludi）在她的書《反挫》（*Backlash*）裡說得很詳細，講到美國普查局（U.S. Census Bureau）的人口學家珍妮‧茉爾曼（Jeanne Moorman）直接研究1980年的普查資料，判定四十歲的單身女子未來成婚的機率約為17%到23%之間。她的同事、統計學家羅伯‧費伊（Robert Fay）後來重新檢驗這份耶魯與哈佛合作的原始未發表研究，發現研究的憑據是很可疑的統計模型，並假設女性一定要和年長幾歲的男性結婚。費伊也發現

研究中有其他錯誤，他動手修正之後，得出的結果與茉爾曼相似。費伊之後寫信給研究的作者，說他相信「這次的重新分析不僅指出您所得的結果並不正確，更點出有必要重新回顧其他資料，更仔細檢視您的假設。」即便與原始研究相關的資訊大量曝光，但大部分的修正與釐清工作仍擱著，沒有人管。

　　從未結過婚的四十歲女性，最終能走入婚姻的機率是多高？這個問題涉及推估未來，因此有多種彼此衝突的統計方法都可以拿來用，每一種方法得到的答案都可供辯證。此外，社會風氣及對年齡的看法不斷在改變，今天的四十歲女性和過去四十歲女性的生活方式可能大不相同。即便有這些難處，但追蹤特定女性群體的婚姻狀況，看看多年來，她們隨著年紀漸長的變化，也有可能試著計算出機率。

　　比方說，美國普查局1970年時便提報，在所有四十歲到四十四歲的美國女性當中，有4.9%從未結婚。2001年時，該局提報，美國七十五歲以上的女性有885萬1,000人，其中36萬6,000人從未結婚（4.1%）。1970年時四十歲的女性，到了2000年就是七十歲了，因此，兩個統計數據基本上指向的是同一群女性。（當然，由於移入、移出和死亡等因素，兩個群體並不完全相同，但這些人構成同一「群」〔cohort〕女性。）從這項理據來看，我們可以說，在這一群人裡，四十歲時未婚、但到了七十五歲前已婚的人，約有0.8%除以4.9%，大概是16.3%。換言之，在1970年時年齡介於四十歲到四十四歲之間、而且從未結過婚的女性，約有16.3%後來結了婚。這個比率很高，如果考量到其

中有很多人可能根本沒**想過**結婚，更是如此。此外，這個數值比耶魯和哈佛合作的研究所聲稱的數字高了十二倍以上，更比遭到恐怖分子殺害的機率高了一萬五千倍以上，就算在九一一恐攻期間也是一樣。還有，今天四十歲女性結婚的機率，**很可能高於**1970年代同年紀的女性。

雖然我們不可能很確定地計算出，一位從未結過婚的女性未來走入婚姻的機率，但茉爾曼提報的17%到23%、以及上面計算的16.3%等數字，看來還蠻正確的。現在普遍認為，不管在任何情況下，哈佛與耶魯合作的原始研究是有誤的。不僅得出的1.3%這個數值錯到離譜，《新聞週刊》拿來和遭到恐怖分子殺害類比，更是不知所云。

難道，我們在宇宙不孤獨？

有一種最了不起的「巧合」，就是地球上有生命。人類要在這裡演化，首先，需要形成一顆適當的恆星（太陽），再來需要生成一顆合適的行星（地球），要有適量的水、空氣和土地，溫度也要合理。此外，還必須創造並演化出（歷經幾十億年）像我們現在這樣的智慧物種。

每一個人都同意，要出現有智慧的生物是極不可能的事。問題是，有**多**不可能？

從某些方面來說，這是不可解的問題。畢竟，無論有多不可能，如今我們就是存在了。然而，我們能演化到這個地步的機

率，和其他地方也演化出有智慧生命的機率密切相關。

如果真的在宇宙中其他地方找到有智慧的生命，將會是一件驚天動地的大事。這會直接影響我們的安全（萬一外星人有惡意）、知識（假如外星人要教導我們）、科技（若外星人容許我們檢視他們的機器），並會改變人類看待宇宙的方式（像是我們在宇宙中的地位及重要性）。生命從此再也不同。然而，未來真的找得到外星人嗎？

有一個名為尋找外星智慧（Search for Extraterrestrial Intelligence，SETI）的協會，多年來專心致志解決這個問題。時任協會主席法蘭克‧德雷克博士（Dr. Frank Drake）1961年時設定了一條等式，描述找到外星人的機率。公式裡考量了所有可得恆星的數目（已故天文學家兼SETI協會董事卡爾‧薩根〔Carl Sagan〕告訴我們，這有幾十億、幾十億個），接著去估計有多少行星環繞這些恆星，每一顆行星適合生命存在的機率，每一顆合適的行星真的孕育出生命的機率，以及這些生命最後演化成某種智慧生物的機率，凡此種種。而潛在的行星數目乘上所有機率，我們就知道可能有多少種智慧生物等著我們去尋找。問題是，實際上我們並**不知道**上述任何一項的機率是多少。有多高的機率會有一顆適合生命存在的行星？或者，在特定適合生命存在的星球上，真的演化出生命的機率是多高？有誰真的能說出答案？有些人會主張，由於宇宙裡有這麼多行星，除了地球之外，必定還有其他地方演化出有智慧的生物。但機率是多高？殘酷的現實是，即便已經花了四十年，以先進的電波望遠鏡進行密集且

有系統的搜尋，但仍沒有任何證據指出，宇宙其他地方有生命出現。

但有一個極微小的例外。最近有人分析從最鄰近地球的行星——火星帶回來的化石樣本，指向火星上或許（只是或許）出現過微生物。我們甚至可以想像，地球上的所有生命都源自於火星的早期微生物，這些微生物跟著隕石「掉在」地球上。在哲學家眼中，這麼低的機率剛好說明了存在稍縱即逝的特質，以及，從某種程度上來說我們都只是移民的機率，也比之前所知的高很多。對於科幻小說和太空迷來說，這進一步鼓勵了去火星與其他行星探險。畢竟，如果知道太陽系裡不只有一個、而是有兩個不同的行星都曾經孕育出生命，那麼，地球可能就沒有這麼獨特了。這提高了某個適合生存的行星孕育出生命的可能性，也擴大了我們對於哪些行星適合生存的理解，回過頭來，這就大大提高宇宙中除了地球與火星以外，還有行星有利於創造生命的機率。如果火星曾有過生命，那麼，在宇宙他處也存在有智慧生物的機率就大幅提高。說起來，我們在宇宙間可能並不孤獨。

巨砲索沙的球棒爭議

2003年6月3日，美國職棒大聯盟芝加哥小熊隊（Chicago Cubs）的偉大球員山米·索沙（Sammy Sosa）在對上坦帕灣魔鬼魚隊（Tampa Bay Devil Rays；按：2007年11月時更名為坦帕灣光芒隊〔Tampa Bay Rays〕）時轟出全壘打，打斷了球棒。這場比賽

的主審注意到斷掉的球棒上有一片軟木，索沙轟出的全壘打馬上被撤銷，同時啟動對「索沙球棒填充軟木事件」的調查。

用鑽子在球棒上鑽出小洞、然後塞進軟木，會減輕球棒的重量並增加彈力，因此功效可能更好。但這麼做，嚴重違法大聯盟的規則。索沙坦承使用塞了軟木的球棒，但他主張這是無心之過。他說這支塞了軟木的球棒只是用來做揮棒練習，以把球擊得更遠來娛樂球迷。但在這場比賽、就在這唯一一場比賽上，正式上場的他拿錯了球棒。所以，現在的問題變成，索沙使用塞了軟木的球棒是單純的疏忽，還是故意試著作弊？這是索沙在比賽中唯一一次用上塞了軟木的球棒，還是說他根本經常這麼做？

對索沙有利的是，在球棒斷掉之後，他沒有隱藏或處理這支塞了軟木的球棒。當晚稍後，他置物櫃裡的另外76支球棒、再加上之前捐贈給棒球名人堂的幾支，都由調查人員以X光檢驗，結果完全都是合法有效的球棒。另一方面，索沙在那個球季的打擊表現不佳，這很可能引得他在絕望之下用上了非常手段。爭論繼續延燒，大家討論著索沙的人品看來很正直、棒球史上的塞軟木球棒事件、必須取悅球迷的需求等等。但從機率觀點來看，問題是，索沙僅有這一次使用塞軟木球棒的機率是多少？

有一個方法可以解答這個問題，那就是p值。p值是，如果索沙僅有這次使用塞軟木球棒、卻遭逮的機率。如果p值很小，那索沙稱他的球棒塞軟木只是單一獨立事件就很可疑。但要是p值不算太小，索沙的主張很可能就是真的。那麼，p值是多少？

重點是，球棒不會常常斷。要找到官方的正式統計資料很困

難，但大致上來說，在一場大聯盟賽事裡，平均要用到75支球棒（兩隊加起來），其中會斷掉大約3支、或是不到3支。因此，就任何一支球棒來說，斷掉的機率不會超過3/75，也就是1/25。從這條理據來看，索沙在一**場**比賽上使用塞了軟木的球棒卻打斷、因此被裁判逮到的機率，大約是1/25，也就是4%。這個p值很低，足以體現統計顯著性。因此，從這一點來看，有一些統計上的證據（但不完全具有決定性），可以反駁索沙只有這一次使用軟木。

另一個讓p值更低的議題是，就算球棒斷掉，也不一定看得到軟木。確實，注意到軟木的主審湯姆‧麥克蘭（Tom McClelland）恰好也是否決1983年喬治‧布列特（George Brett）所轟全壘打的人，那一次的理由是球棒上塗了太多松焦油，超過規定（但這個判決之後被推翻）。因此，麥克蘭可能比很多主審更嚴格檢查球棒與落實規定。換另一位主審的話，索沙或許就不會被抓到。這指向p值（也就是如果他只用一次塞軟木球棒、卻被逮到的機率）甚至還低於4%。

另一個關於p值的議題，可能對索沙來說是有利因素。塞軟木的球棒因為有部分被鑽過並挖空，可能不像常規球棒這麼結實，因此斷掉的可能性比較高。所以說，就算索沙只用過一次塞軟木的球棒，他被抓到的機率還是很高，因為塞軟木的球棒斷掉的機率很高。如果是真的，而且兩者的差別很顯著，那麼p值就會大幅提高，支持索沙的主張。

此外，要說相較於常規球棒，塞軟木球棒**非常、非常**容易斷

掉也不太可能。如果會的話，就不會在練習時使用。但從機率觀點來看，索沙這件事追根究柢只有一個問題：假如塞軟木球棒比常規球棒容易斷掉（比方說，機率高三倍），那麼p值就會從4%提高為12%，差別極大，而且可以支持索沙的論點。

索沙最後被判停賽七場，這是很嚴重的懲罰。但與棒球史上其他事件相較，也算是寬容了。然而，索沙到底是不是故意的，這個問題仍然未解。我們只能肯定地說，索沙有可能是刻意且重複作弊，**也有可能**是塞軟木的球棒比較容易斷掉，**或者**索沙就是倒楣到了極點。一切都要看機率而定。

用機率抓壞人

此外，還可以藉著低機率事件，來抓壞人。我們都看過影劇上演到警探之所以起疑心，是因為有些事「兜不起來」，或是真的太過意外、太難用巧合來解釋。有可能幾位看來全無關係的路人甲乙丙都在同一家公司任職。或者，存在罪犯帳戶裡的金額，剛好等於最近被搶走的一筆錢。一旦發生出乎意料或始料未及的事件，會引起我們質疑或進一步查探，期待一切順利，但也擔心最糟的情況發生。

而現代企業也使用高速電腦從常態中找出例外，以偵測詐騙和犯罪活動。比方說，電信公司會跑電腦程式，以查核你的長途電話費用，是否落在你的「慣常模式」。如果你從來不曾打電話到非洲，忽然間打了國際電話到蘇丹，而且總金額達1,000美

元，就會讓他們起疑。他們會想，你的電話線是不是被黑市間諜偷接，偷取你的長途電話服務、然後賣給別人（顯然這種事並不罕見）。電信公司可能會進一步查探，或者，在極端的情況下，乾脆切斷你的電話線，以遏阻罪犯。

信用卡公司也會偵測異常的帳戶。如果你一個月的帳款通常不會超過100美元，但忽然間在幾個小時內買了8,000美元的高價珠寶，信用卡公司的電腦程式就會出現警示信號，公司可能會請你確認確實是本人購買的。或者，他們甚至會停用你的信用卡，直到你證實這些費用合理。

要判斷費用何時應該、何時又不該被視為可疑，是很複雜的問題。如果標準太寬鬆，很多詐騙金可能會在有人採取行動前就入帳。但若標準太嚴苛，就會浪費大量人力去做這件事，很多顧客也會無緣無故被滋擾。在這件事上，目標是要設計出統計演算法，把誠實客戶完全正當的花費模式波動和非法活動區分出來。

可惜的是，演算法不見得永遠有用。舉例來說，我有一次必須要在極短時間內，打兩通自付費用的長途電話。當時我剛搬家，一時找不到預付卡的卡號，於是改用信用卡支付這筆費用。當晚稍後，我回到家時就收到銀行打來的語音留言，要我馬上打電話回去。他們對我說，他們懷疑有人用我的信用卡從事不當行為，擔心可能有詐騙情事。

我苦著臉，想像要花好幾天檢視長達多頁的費用表，告訴他們哪一些費用真的是我花的，然後想辦法說服銀行撤銷不當的費用。我決定聽天由命，請銀行代表多告訴我一些詳細內容。對方

頓了幾分鐘，一邊評估我的檔案。最後，他回到線上，有點不好意思。他解釋，電腦對他發出警示，是因為有兩筆意外的電話費，每筆5美元。這只是有點不規則，但是人都可以看得出來根本不值得去查（不像電腦）。我猜，他們那天的演算法效果不太好。

當然，機率絕對無法證明有人做出了什麼不當之舉。因此，我們根據機率指出有犯罪活動時，必須自問：出錯的機率有多高？有時候，司法系統的行動速度太快，使用了錯誤的理據來預估機率，因而無法把錯誤的機率降到最低。

誤用乘法的花圃疑案

你很生氣，因為花圃又被人踐踏。你把孩子都叫了過來，展開砲火猛烈的指控。

「你們其中有人踐踏了我的花，」你尖聲大叫，「我要揪出這個人！」

你一個一個掃視這些孩子，眼光停在亞瑟身上，他是老大。「我認為是你做的。」你指控他。

亞瑟抗議，他說他無辜，但你要他閉嘴，繼續說明你的調查。「隔壁的陳太太有看到人影。」你說著，「她沒看到是誰，但她很確定是男生。」

「此外，」你為了營造出戲劇化的強調效果又補上一句，還一邊瞪視著亞瑟，「你是男生。我只有兩個兒子，就算你什

麼都沒做，純就機率來說，身為男孩的你，是兇手的機率為50%。」

亞瑟覺得很委屈，但50%這個機率很高。他可能還是能逃過一劫。

「還有，」你繼續說，「陳太太說那孩子是金髮。我四個孩子裡僅有三個是金髮，純就機率來看，有金髮的你，有75%的機率是兇手。」

亞瑟很緊張，但你繼續說：「陳太太看見踐踏花木的人穿著藍色的夾克。我四個孩子裡僅有兩個有藍色夾克，你的機率又是50%。」

亞瑟坐立難安，但他不敢跑走。「最後，」你宣稱，「兇手可以爬進花園。麗莎和珍妮佛兩個都還太小，爬不過去。我僅有50%的孩子能完成這項高難度的行動。」

亞瑟開始回嘴，但你打斷他。「不要插嘴！我現在正在做調查！」你拿來一台好用的計算機，開始按按鍵。「我們來看看，50%乘以75%乘以50%乘以50%等於……」

你在計算時氣氛很凝重，四周一片寂靜。最後你得出答案：「僅有9%。純以機率來看，你僅有9%的機率剛好符合兇手的側寫。我覺得這個機率很小。回房間去，五個月都不准出來！」

亞瑟很受傷也很挫敗，拖著腳步回樓上的房間去。與此同時，在你視線之外，你另一個兒子強納森正在微笑。他那一頭金髮和身上的藍色夾克讓他顯得很陽光。他飛奔出去，好好享

受自由。

　　事實上，把所有機率都乘在一起是不公平的算法。現實是，亞瑟和強納森都是有著一頭金髮且穿著藍色夾克的矯健男孩。因此，純以機率來看，亞瑟符合犯人描述的可能性是50%，而不是9%。無疑地，家長急於實行正義，編織出一張不可妥協的網，不公平地套住了亞瑟。

　　而在刑事訴訟中使用DNA序列鑑定（也稱為「DNA指紋鑑定技術」），也會引發類似的問題，比方說聲名狼藉的辛普森（O.J. Simpson）謀殺案。DNA是一個人的遺傳密碼，除非是同卵雙生，不然每個人的DNA都是獨一無二的。然而，目前的DNA鑑定技術還不能對應整個DNA序列，反之，只能找到、並比對少量的DNA「標記」。如果疑犯的樣本和犯罪現場的樣本都有相同的標記，這就是有罪的證據。但證據力有多高？

　　DNA鑑定的相關機率極富爭議，而且常常引發辯證，尤其是剛開始在刑事法庭上使用DNA的那些年（1980年代晚期到1990年代中期）。其中一個問題是，可不可以把對應到不同標記上的機率相乘。即各種標記是「獨立」（independent）的，因此機率可以相乘，還是說，其實這些標記是「相依」（dependent）的，所以不可以相乘？兩邊的論點都有傑出的統計學家支持，刑事定罪規則仍懸而未決。

　　一個相關議題是，DNA鑑定試著計算，某個隨機選取的人在完全的巧合之下，符合特定DNA樣本的機率有多高。然而，

要從哪一個群體隨機選擇？是從全世界，還是住在犯罪現場附近的民眾，或是從和嫌犯同族裔的人群之間？畢竟，選擇用哪一群人來作為比較對象，會大大影響符合的機率。

就算有一名嫌犯的DNA都符合，而且隨機選出的人會符合DNA樣本的機率極低，但這就代表了嫌犯有罪嗎？事實上，他有可能不管怎樣都是無辜的。畢竟，以全世界如此龐大的人口來說，**某個人**的DNA單純因為湊巧、而符合嫌犯的DNA，也不讓人意外。DNA鑑定試著計算隨機選出者的DNA，符合犯罪現場採得樣本的機率。但真正重要的是嫌犯有罪的機率，這是不同的問題，而且很難量化。

辛普森謀殺案的庭審，為這個問題開闢出極引人注目的戰場。兩名死者的屍體附近採集到符合辛普森DNA的血液樣本，而辛普森的車子裡和他家後面的一隻手套上，找到了符合死者DNA的血液樣本，證據看來強力指向辛普森有罪。檢方和辯方法律團隊都招來大量的的統計學家以爭論技術性議題，例如概度比（likelihood ratio）、頻率（frequency）和混合（mixture），一切的一切，都是為了判定純粹出於巧合、導致這些血液樣本符合的可能性有多高。檢方證人羅賓·卡頓（Robin Cotton）總結，一名隨機選擇的人的DNA，符合屍體附近血跡DNA的機率，像辛普森這樣，約是一·七億分之一。

法庭內還上演了加碼的統計學審判大戲，檢方統計學家布魯斯·偉爾博士（Dr. Bruce Weir）被迫承認，在法庭規定最後緊急要做的額外計算上，他犯了錯。偉爾博士很快修正了計算，就算

是這樣，純因為湊巧而符合樣本的機率，仍微乎其微。然而，計算錯誤很可能減低了DNA證據的可信度，偉爾承認「我必須抱著這個錯誤活很久。」

到最後，不利於辛普森的DNA證據不僅可信度削弱，還被嚴重地大打折扣。警方一位經手部分證據的調查人員馬克‧福爾曼（Mark Fuhrman）警官，之前留下了紀錄被指帶有種族歧視。辯方團隊指控福爾曼對非裔美國人有偏見，這讓他們指稱警方可能有栽贓證據之嫌，導致所謂的一‧七億分之一的機率完全無關緊要。看起來，這項懷疑的影響力遠大於其他因素，導致陪審團做出無罪的判決。一位陪審員在審判過後接受訪問時說：「我完全不懂DNA這回事，對我來說，這只是浪費時間。事實就是那樣，對我完全沒有影響。」看來，這位陪審員很可能並沒有機率觀點。

以DNA鑑定為核心的爭議延續到今日未歇，也仍是統計研究裡很活躍的領域。然而，多數統計學家都會同意，如果嫌犯的DNA和犯罪現場採集到的DNA相符，倘若有妥善分析樣本，而且沒有人栽贓或破壞樣本，這就是很強力的證據，指向樣本是來自嫌犯。

如果想從另一個觀點來看，如何使用機率抓到壞人，就讓我們來看看機率論私家偵探黑桃A的冒險故事。

09

瀕臨倒閉的賭場疑雲
美女、毒藥與機率

中場來插一章番外篇，讓我們看看機率論私家偵探黑桃 A 的樂子與冒險。（警語：認真且腦子清醒的讀者，可能會想跳過這一章。）

這是一個寒冷的冬日，冷的就像數學證明的邏輯一樣。窗戶在風裡咯咯作響，和多麗絲的打字機發出的喀哩喀哩聲很合拍。「多麗絲，我會在辦公室。」我大聲喊道。「好的，黑桃 A。」多麗絲歡快地說，「我快把辦公室費用打完了！」

多麗絲確實樂觀開朗。簡直太樂天了。她和我一樣清楚，公司的狀況不太妙。畢竟，如今已經沒人在乎機率觀點了。雖然多麗絲很可靠，但算公司帳所需要的時間，明明比電子回到低能階所需的時間還短。（按：電子改變能階時稱為躍遷〔transition〕，時間尺度約為 10^{-15} 秒。此為作者以誇飾來形容多麗絲算帳算太久了。）

我在辦公室聽到電話響，一邊屏住呼吸。這會是我極需的客戶嗎？「機率論私家偵探黑桃Ａ辦公室，有什麼需要效勞的？」我聽到多麗絲如唱歌一般應答。停了一下，我聽到多麗絲說：「請稍等，我看看他能不能把您擠進去。」她在安排會面！

　　我可以把來電的人擠進來，沒問題。多麗絲知道我那天根本沒有其他安排。她很快地出現在我辦公室，黑方框眼鏡後的雙眼散發出光芒，並確認了要和貝克下注大樓的珍妮・茱比特會面。

　　那天下午稍晚，我聽到有人來訪。幾秒鐘後，多麗絲敲我辦公室的門說：「黑桃Ａ，珍妮・茱比特來了。」珍妮走了進來，我能做的，就是用盡全力撐住免得摔倒。珍妮是貨真價實的大美人，一頭亮金色秀髮襯著湛藍的雙眼和噘起的嘴唇，一雙腿長的像是無聊的微積分課這麼長。而她身上的毛衣，不平整的皺摺處有如一個巨大的無限符號。我倚著辦公桌以穩住自己，努力維持我的風度。

　　「呃，唔，請坐。」我結結巴巴地說。珍妮很快入座，但是她的表情沒一絲喜悅。「喔，黑桃先生。」她開口了，「你一定要幫幫我！我先生——我是說我未婚夫——的賭場有麻煩了，麻煩可大了！本來情況都在好轉……也要東山再起了……看起來婚禮終於可以如期進行……」

　　我猜我應該要安慰她，但我不相信自己進入她身邊一公尺半的距離內不會有非分之想。反之，我試著維持專業態度。「我收費一小時100美元。」我開口了。最好的策略，永遠都是在客戶心煩意亂時講好價錢。等她點頭，我繼續說：「現在，仔細說給

我聽是怎麼一回事。」

「喔，黑桃先生。」她又開口了，「貝克下注大樓，就是我先生的公司，狀況本來好的不得了。銀行裡的錢愈來愈多，顧客也玩得開心，我和喬治排定了婚禮，就在下個月。我們認為負擔得起一場盛大的派對，什麼都包了。但現在……」她揉了揉眼睛。

「繼續說。」我盡可能保持中立。她看來很難過，但她的態度還是專注又積極，感覺上她很清楚自己為何來到此地。我對此感到十分佩服。你要先知道問題是什麼，然後才來動手解決。

她鎮靜下來，把雙手放在我的辦公桌上，露出一只閃亮的大鑽戒。「最後這幾個月，情況開始逆轉。」她繼續說，「顧客開始贏了。我們的銀行存款不斷減少。然後，最近這幾天，兩名下重注的賭客贏了很多錢，真的很多。」她停下來營造效果，直直盯著我看，然後才繼續說：「那真的要把我們挖空了，黑桃先生！」

我強迫自己的視線離開她的毛衣，開始思考。這兜不攏。以賭場來說，本來就是有人操縱的，賠率也都是定好的，形勢有利於賭場。當然，時不時會有一些下重注的賭客中了大獎，但長期來說，賭場會贏，你懂的。道理就是這樣，這是大數法則，贏對賭場來說有如探囊取物。

珍妮站了起來，伸手要感謝我。我聽到自己說：「何不讓我現在就跟妳一起回去看看呢？」

我們走進凍死人的冷風中。我的車子跟平常一樣，還在店

裡，於是由她開車。她車的後座散落著財務文件、一個化妝包、吃剩一半而且還包著透明塑膠袋的鮪魚三明治、廉價的平裝版浪漫小說，還有一本希臘小島旅遊書，裡面夾著的信封突了出來。啊，希臘，幾何的發源地，數學家的故鄉，孕育了歐基里德、畢達哥拉斯和阿基米德，還有……

珍妮一定看到我盯著看。她顫抖地說：「你知道嗎，昨天的雅典氣溫是溫暖舒適的攝氏二十一度。」我看了一眼她踩在油門上的腳，感覺自己也需要暖和一下。

前一天下了大雪，因此我們開得很慢，最後終於抵達了貝克下注大樓。珍妮走上階梯，我緊緊跟隨在後，比終於在雞尾酒會上完成證明的數學家還心不在焉。

「就是這裡，黑桃先生。」她指了指，到處揮揮手。我好好地看了一看。這裡和其他幾千家賭場沒什麼兩樣：吧檯在後面，單一喇叭傳出尖細的爵士樂，煙霧像三角等式一般沉重。顧客四處流連，玩21點、撲克、吃角子老虎和輪盤。有些人看起來金光閃閃，有些人則垂頭喪氣像是毒癮發作，只是中的是樂透的毒。

珍妮帶我進一間後台辦公室。「這是我先生喬治·貝克。」她一邊說，一邊向我介紹一位肩膀方正厚實的鷹勾鼻男子。「我是說我的未婚夫。」她修正自己的話，並靦腆地笑望著貝克，貝克也對她報以微笑。

「她是個美女，對吧？」珍妮離開後，貝克問我。

「我沒注意到。」我冷淡地回答。

「我們下個月要結婚了。」他繼續說。他看起來很痴迷，宛若剛剛選好博士論文題目的研究生那樣。

「講回正事。」我話鋒一轉，「珍妮說你們最近一直虧錢。我需要詳細內容，全部都要。」

「這是真的。」貝克，「不知道為何，就在上個星期，兩個賭客分別在吃角子老虎上拉出三個櫻桃圖樣抱走了大獎，彩金是2萬美元！我賠不起連續兩個人都贏到這種大獎！這毀了我！通常，一年裡大約只會出現8次三個櫻桃圖。有些事不對勁！」

聽起來確實很糟糕。我問，「這兩名拉出三櫻桃圖的賭客，現在人在這裡嗎？」他們在。貝克指出這兩人，聲音裡透露出明顯的憤怒。其中一個叫強森，此時還在玩吃角子老虎，他穿著一套西裝，料子閃亮的就像是一枚兩面都是人頭的硬幣。另一個叫亞伯茲，他已經轉到撲克牌桌上，目前慘輸給一個眼神看起來很狡詐的年輕人理查斯。

「啊，狡猾理奇。」貝克咕咕噥噥地抱怨，「你以為他手氣很好，但他其實是在虛張聲勢。等到你以為他在吹牛，他又拿到了好牌。這孩子從來不會輸。」他說的話讓我聽不下去。從來不會輸，嗯哼？沒有誰從來不會輸。

我再四處多看看。在輪盤賭桌上，一個看起來很緊張的年輕人正在轉輪盤與收賭注。當輪盤停下來，他會用又尖又長的聲音說：「請不要再下注了！」貝克解釋，輪盤通常是珍妮負責，但今天換法蘭奇上班，因為珍妮休假。她先是去找我，現在又在後面忙著算帳。輪盤台旁邊有一些看起來很落寞的輸家，其中有一

個坐立難安的中年窩囊廢，打著很鬆的領帶，身上穿著很髒的襯衫。「他叫阿爾法．貝塔。」貝克說，「幾乎每天都來，每一轉只賭10美元，每次都賭黑色槽。他很沒安全感，有一半時間會退出，完全不下注。」他一邊說著，一邊咯咯笑。

21點賭桌這邊，莊家是金髮美女麗莎。她發牌就像是真正的專業人士一樣，乾淨俐落，速度就像北歐武夫電腦叢集（Beowulf computer cluster；按：是一種用來作平行計算的電腦群架構，速度極快）一樣快。貝克說她在這裡做了約兩年，表現很好，替自己賺到很多分紅，但他對她的過去所知不多。此時，她正要贏光一位喝醉的商人，此人下很大的賭注，只要可以就分牌，但從來沒贏過。貝克說他叫麥克唐納，一星期來兩次，總是和麗莎賭21點，每次離開時看起來都比剛來時更難過。

我想到一件事。「你有每天每一部吃角子老虎機器和每一台賭桌的總帳嗎？」我問。「當然！」貝克輕蔑地哼了一聲，「你以為我在這裡經營的是什麼不入流的賭場？我自己沒有讀那些東西，但沒錯，我們有。」我們回到他的辦公室，他叫來珍妮，拿來她正在處理的帳本。

我們一坐下來他就問我：「這要做什麼？你有什麼發現嗎？」我確實有一些想法。就在此時，珍妮來了，端來一個托盤，上面放了財務帳冊，再加上兩杯冒著熱氣的咖啡。她把帳簿放在貝克的辦公桌上，然後靠過來，小心地把一杯咖啡放在貝克前面，一杯放在我前面。她負責處理財務數字，這項工作沒有害她改變自己的身材數字，我的思緒也因此被打斷。「呃，嗯，謝

謝妳的咖啡。」我有氣無力地回答。

珍妮給了我可以融化冰點的微笑，然後離開。我和貝克的眼光追逐著她。她一離開房間，我就回神了，並回到帳目上。

「那，你有何高見？」貝克問我，一邊啜了一口咖啡。「我的意思是，以付給你的費用來看，我們要你給答案！」

我仔細檢查帳目。帳上有總數，每一天分別列示，有每一台吃角子老虎的機器和每一張賭桌上輸贏的金額。我很確定的是，這些數字確認了我的懷疑。事情開始明朗化。「我想我有點眉目了。」我對貝克說。

貝克很興奮，站了起來。「我就知道你行！現在我們要去逮那些渾蛋了！」他走出辦公室然後大叫：「強森！亞伯茲！進來！」珍妮也剛好經過現在已經空無一人的輪盤賭桌，貝克叫她：「珍妮，妳最好也來聽聽。」

貝克又回到辦公室，他有點踉蹌，很快又跌回他的椅子裡。「唉呀！我覺得不太舒服。」他若有所思地說，「我有點暈。真是奇怪，一分鐘前我還覺得好的不得了。」

其他人很快過來了。「這是幹麼？」強森怒氣沖沖地問道。他的西裝一如往昔地閃閃發亮。「我賭吃角子老虎快要中大獎了，我現在才不要停！顧客是有權利的，這你懂吧！」亞伯茲比較怯懦，他喃喃地說：「也許暫時離開狡猾理奇，對我來說有好處。」另外有幾位客戶，包括麥克唐納、甚至是理查斯，都在門邊探頭探腦，想知道究竟發生了什麼事。但我的雙眼盯著珍妮，看她慢慢地踱進辦公室，然後靠在門邊的一堵牆上。

貝克臉色蒼白，但是他用盡力氣開口低聲說：「黑桃，跟他們說……說說那個……」然後就沒了。他的指示雖然軟弱無力，但我仍把話頭接過來。

　　「聽好了！」我厲聲說，「這間賭場輸錢輸得太快了，現在也該弄清楚，到底為什麼會這樣了。」我的話迎來的是眾人一致的回應「這可不是我的問題」以及「先生，你這是什麼意思？」但我不理他們，繼續說下去。

　　我直直地看著強森和亞伯茲，「上個星期，有兩位顧客，用三個櫻桃圖贏走了2萬美元的獎金。而一年應該只有8次會出現這種圖。那一個星期出現兩次的機率是多少？」

　　「他媽的我怎麼知道！」強森咆哮，「說老實話，他媽的我才不在乎！」他開始想要出去。

　　「別這麼快走人。」我趕快回話，「讓我來告訴你機率。」我的聽眾坐了回去，嘆了口氣，不得不聽我開講。「一年8次，換算下來就是一個星期0.154次。」這引來一些人哼著說「你怎麼得到這個0.154次的？」而我繼續說：「每一次有人抱走獎金都是彼此獨立的事件。這是說，在任何一個星期有兩個人贏走大獎的機率，」我可以感覺到每個人都往前探出身子，想知道答案，「只稍高於百分之一。」現在每個人都呆住了，想著要如何解釋這個數字。「喔，那是極不可能的事。」我勉強承認，「但也沒有不可能到絕對不會發生。事實上，應該每兩年就有一個星期出現這種事（順道告訴各位，這叫卜瓦松叢聚），現在也差不多該是時候了。」

有一分鐘全場鴉雀無聲，每個人都在消化我剛剛說的話。有人問，卜瓦松是不是法文裡「魚」的意思。但慢慢的，他們都開始明白，我是幫那兩個吃角子老虎玩家開脫。這讓他們有一點開心，但之後他們又顯得很惱怒了。「你是說，你把我們叫進來，就是為了講這件事？」強森問。就連虛弱的貝克，都湧起了夠多的怒意並出聲咆哮：「以我們付你的費用來說，這就是你能得出的最佳結論？」

　　我試著重新掌控局面。「三櫻桃圖贏走了彩金，這分散了我們的注意力。」我說明，「我很不解。你們的吃角子老虎機器有定期檢修保養，不會遭到破壞。所以，長期來說，應該有利於賭場，因為本來的設計就是這樣。但你們的大失血不是因為吃角子老虎，完全不對。」貝克看來很困惑，因此我繼續說，「一旦我明白，一個星期有兩個人用三櫻桃圖抱走大獎其實並沒有那麼不可能之後，我就決定檢視別的地方。」

　　我已經讓聽眾入神了，因此我繼續說下去。「接下來我思考的是撲克牌桌。理查斯怎麼能永遠都贏？我猜他可能作弊。」講完這話，理查斯跳了起來，掄起拳頭並大叫：「你好大膽！」

　　「放輕鬆。」我對他說，「這不是重點。玩撲克牌時，賭場每一手牌都會抽成。因此，不管是誰贏，賭場永遠都會勝出。」理查斯仍看起來一臉惡狠狠的，於是我補充說道：「考慮到今天賭場是我的客戶，我根本不在乎理查斯是不是在賽局中輸得一塌糊塗，藉此反證自己的清白。」這段話把他們搞糊塗了，這年頭已經沒有人懂什麼叫邏輯證明了。但即便如此，理查斯看來已經

緩和多了，把手放下，垂在身體兩側。而他這麼做時，我看到一張方塊 K 從他的左手袖子裡露出一角。但賭撲克牌的賭客不是付我錢的人，所以我默不作聲。

「這個結果把我們帶到了 21 點的賭桌上。」我宣稱，「麗莎是我見過最行雲流水的莊家。我打賭，她在這裡工作之前是老千。她發牌速度很快，我敢說，她隨時要藏什麼牌都可以，沒有人比她更聰明。」麗莎的頭從走廊伸出來，皺著眉頭，她不確定是要因為我意有所指而覺得被冒犯，還是要為了我對於她的能力評估結果感到受寵若驚。

「她的從容魅力不只表現在發牌上。一開始我不懂，為何可憐的麥克唐納每天都來賭，就算輸了也一樣。後來我懂了，這關乎一件機率也無法預測的事。愛！他愛上麗莎了！」此話讓麥克唐納很困窘，他把彎下身，把頭埋在兩隻鞋子之間，就像卡在位能阱（potential well；按：物理學名詞，被位能阱捕獲的能量會陷入局部最低點）裡的電子，低到不能再低。在麗莎的不安當中，我看到一抹微笑混在其中。其他賭客帶著控訴的意味看著她。很奇怪的是，祕書多麗絲的身影閃過我心頭。

我對他們說，「同樣的，這不是重點。不管麗莎過去做了什麼，如今她為我的客戶效命，也替他賺了很多錢。各位朋友，她的獎金是自己賺來的。」賭客用新的恐懼瞪視著麗莎，他們各自發誓絕不再賭 21 點。貝克仍陷在椅子裡，看起來對於麗莎的表現感到很滿意，但同時也擔心我的發現會趕跑他的顧客。

「最後，這帶我們來到輪盤賭桌。沒錯，那可憐、老派、少

人賭、遭輕忽且被人看不起的輪盤賭桌。」幾位賭客對於我所描述的輪盤不以為然，連貝克也顯得很失望。但大聲把話說出口的，是滿臉鄙視的麗莎。「喔，真是夠了！」她如連珠炮發射一般，「我們的輪盤跟吃角子老虎機器一樣，都有經過檢驗，也有定期檢修。」賭客竊竊私語表達同意。

「可能吧。」我勉強同意，「但是計算雙重積分（double integral）的方法不只一種。」同樣的，聽眾看起來都有聽沒有懂，於是我繼續說。「一開始我排除輪盤。因為賭客一次下的賭注不會超過10美元，通常不是賭黑槽就是賭紅槽，所以彩金一次也就只有10美元。此外，勝率都已經定好了，會有利於賭場。因此，長期下來賭客都無法從玩輪盤裡賺到錢。做不到，不可能。」每個人都同意。「正是！」有一個人大聲喊出來。

我扯著嗓門大聲說，「但那是說，任何人都無法在公平賭博之下賺錢。」這引發了一陣新的抗議怒吼。「我不是告訴過你，輪盤有檢驗過！」麗莎可以說是大叫出聲。

「喔，我想的不是輪盤，我想的是賭注。」現在我吸引到他們的注意力了，並繼續說下去。「我會想到這一點，是我聽到法蘭奇大喊『請不要再下注了！』」此話引來一陣笑聲，因為法蘭奇老是說著這句話，有點惹毛大家。「我在想，如果投注時間不會截止，那會怎樣？如果你可以在球落入槽裡之後更改下注，那會怎樣？」

講完此話，一直在另一個房間裡靜靜聽著一切的法蘭奇衝了進來，他的臉色脹紅。「先生，你可給我聽好了。」他揮動著

手，「我知道有人不喜歡我下指令的態度，但是我有做好本分，我永遠不會在彩球滾入槽內之後，讓哪個傢伙改賭注！」

「嘿，嘿，法蘭奇，」我彬彬有禮地說，「沒有人指控你做錯任何事。我知道你有盡你的本分。」這麼說讓法蘭奇一下子愣住了，我敢發誓，他開始靜靜地啜泣，因為他心裡累積太多情緒。還好的是，他走了出去，讓每個人都鬆了一口氣。

「不，不是法蘭奇。」我對其他人說，「法蘭奇是好孩子。他只是代班的，大家都知道平常負責輪盤的人是誰。」他們確實知道。順著我的話，每個人轉頭盯著珍妮，至少是那些本來還沒盯著她看的人都轉頭了。

珍妮的態度很冷淡，太冷淡了。「黑桃先生，為什麼這麼說？」她帶著微笑說，「我希望我沒有做錯事。老兄，如果我可以幫上任何忙，抓到害我先生——我是指我未婚夫——的人，那你儘管告訴我。」她那雙湛藍的眼睛看著我，髮絲柔柔地飄在臉頰旁，有一刻，我遲疑了。但是我強迫自己移開目光，繼續說下去。

「珍妮沒有破壞輪盤，那樣的話，就太明顯了。但她可以做到的，是時不時容許共犯在球落入槽內、眼看著自己就要輸掉時抽走賭注。這樣一來，長期來說，他就會輸少贏多，在賭局中勝出。」

這引來更多抗議怒吼。就連現在坐在那裡全神貫注聽我說的貝克都很納悶，輪盤不就一些10美元的小賭金，怎麼能導致大輸或大贏？「喔，當然，一開始是改變不了什麼，但且讓我們假

設這名共犯每天都來，一坐八個小時，每次都賭黑色槽，每隔三十秒賭一次。在每38次裡，就有18次球會落入黑色槽，那他就會贏得10美元。至於其他時候，如果這名共犯眼看著黑球就要掉進紅色槽，並假設僅有一半時間球真的進了紅色槽，而他抽走他的賭注。那麼，以每一次轉動輪盤來說，他的平均值不再是輸53美分，而是平均會贏（我快快算了一下）1.84美元。一個月之後，他總共會贏到──我們來看看──大約5萬4,000美元。」

最後這個數字真的讓他們嚇到了。不過是區區10美元賭注，怎麼一個月下來可以累積到5萬4,000美元？答案是，重複再加上數量，這就是方法。短期的小幅變化，一再一再地重複，長期就累積出大改變。大到足以讓貝克破產。有一位賭客膽子很大，質疑我的計算，但我回嗆：「我可是機率論私家偵探，老兄，我可是專業人士。」

我繼續把話說下去，「等我去查貝克的帳冊，我就知道我要找什麼了。很確定的是，過去四個月以來，輪盤的帳上幾乎每天都虧錢。朋友們，這種事非常罕見，就像雅客私廚餐廳的牛排一樣，生得很。」他們現在更感興趣了。「喔，這裡幾千美元，那裡幾千美元，加起來就很可觀。重點是，掌管貝克帳簿的是珍妮，因此別人不會注意到這些數字很奇怪。事實上，就連貝克自己，要不是有人突然在吃角子老虎機上拉出三櫻桃圖、贏走大獎，他才發現自己根本賠不起，不然之前他根本不知道麻煩大了。」現在，眾人看著珍妮的眼神中，混合了憤怒和惋惜。我知道，他們很難相信她有罪。遺憾的是，我的話還沒全部說完。

「最難的部分，是要找出誰是珍妮的共犯。後來我想到了。她的車子裡放了一本希臘小島的旅遊書，她知道雅典的氣溫是幾度，她正在規劃一趟前往希臘的單程旅程。她的旅遊書裡夾著的信封內只可能有一樣東西：一張機票。她要跟誰一起去？咦，可能是個希臘人，比方說阿爾法・貝塔，他一定是希臘人，因為他的名字正是希臘字母裡的前兩個！」

聽完這話，貝克想要站起來。「貝塔！貝塔！」他大叫，「進來！」

「喔，貝塔已經離開了。」我說道，「珍妮一使眼色，他就從輪盤賭桌旁脫身了。你喊珍妮回來時，她自己本來也正要離開。他們已經規劃好逃脫路線了，兩人會帶著貝塔從輪盤贏來的錢，再加上珍妮的大顆訂婚鑽戒一起走。珍妮一直在講『我先生——我是指我未婚夫』，目的就是要擾亂我們。她嫁給貝克的機率，就像擲硬幣連續擲出100次人頭這麼高。」

這話讓我的聽眾大傷腦筋，貝克本人則一臉心碎，但我很快繼續說下去。「由於三櫻桃圖意外出現、提早引發財務危機，他們必須速速逃離。他們很可能計畫好昨天就要走，但機場因為暴風雪之故關閉了。所以，珍妮只好改而遵從貝克的指示，叫我過來。她一直在拖延時間，認為她可以在我得出任何答案之前先開溜。」我露齒微笑，並環顧四周，「這部分她想錯了。」

賭客簡直不敢相信，像珍妮這麼漂亮的人，居然會跟貝塔這樣奇怪的人私奔。現在，也該輪到我下最後定論了。全壘打。證明完成。我要出王牌了。或者說，我要出黑桃A了。

「還有一件事。」我說，「貝克叫大家進來時，他開始覺得暈眩虛弱。」我很快地瞥一下貝克，以確認他目前還是這種狀況。「沒多久之前，他還很機敏，充滿活力。什麼東西不一樣了？之後我發現：珍妮給了他一杯咖啡，他啜了一口之後，馬上就變得很虛弱。這是巧合嗎？不太可能。一天裡有一千四百四十分鐘，為何他在喝下珍妮的咖啡那一刻就變得虛弱？這讓我更有把握。這是最後一擊。珍妮對貝克下藥，好讓他迷迷糊糊，沒有注意到她要跑了。我打賭她也想要對我下藥，就因為這樣，我什麼也沒喝。」我低頭看了一下桌上的杯子，接著說：「我很確定實驗室的人會發現，這兩杯咖啡都攙了別的。」

我其實不認識什麼實驗室的人（我是機率學家，不是化學家），但我會去某個地方找到知道要檢驗什麼的人。珍妮一定也想到了，因為她忽然伸出手要翻倒杯子。我及時看到她的動作，先捉住了她兩手的手腕。

於是，我就這樣和我見過最美麗的女子面對面。她輕輕地哭了起來，眼淚讓她的雙眼看起來更藍，睫毛更長。我覺得自己比數學系學生交誼廳裡被丟掉的火腿三明治還糟糕。有時候我會想，我幹麼要成為機率論私家偵探，而不是在不錯的大學擔任教授職務。

警察毫無困難就抓到珍妮和貝塔，他們被判了刑，刑期比寫完博士論文需要的時間多很多年。貝克的賭場生意再度蓬勃興盛，他很高興他付我兩倍的費用。

至於我，我發現最簡單的想法通常也是最好的，而且不只在

數學上成立。有時候，離你最近的，也是最親愛的。我和多麗絲墜入愛河，舉行了小型安靜的婚禮。我們的機率論私家偵探業務仍艱辛，奮力向前邁進。貝克也來參加了婚禮，我們不時會和他碰面。有時候他心情好時，會請我們去他的賭場玩一把輪盤。偶爾，他會眨眨眼，讓我抽回要輸掉的黑槽賭注，他這麼做只是為了讓多麗絲看這種事是怎麼辦到的。

黑桃A機率論私家偵探的故事說完了。美女、富人、毒藥、欺騙和解決方法，機率理論都有。

10

51% 對 49% 的啟示
民調的真正意義

2004年全世界有很多全國性大選，其中包括3月14日的西班牙大選、6月28日的加拿大大選、10月9日的澳洲大選和11月2日的美國大選。在每一次大選之前，特色就是會有大量的民調，試著去衡量人民的意見並預測未來的選舉結果。多數民調都會說明其結論的「誤差範圍」，例如：

- 西班牙大選前一個月，社會學研究中心（Center for Sociological Research）完成一項大型調查，訪問了2萬4,000位西班牙選民。他們預測執政的人民黨（Popular Party）將會拿下42.2%的選票，在野黨社會勞工黨（Socialist Party）將拿下35.5%。他們聲明，自家的調查結果誤差範圍為0.64%。
- 加拿大大選前兩天，艾克斯民調公司（EKOS Research

Associates）抽樣調查5,254位加拿大選民，預測有32.6%的人支持自由黨（Liberal Party）、31.8%支持保守黨（Conservative Party），和19.0%支持新民主黨（New Democratic Party，NDP），他們宣稱調查結果「在20次中，有19次準確度誤差範圍都在正負1.4%以內。」

- 澳洲大選前兩天，尼爾森行銷研究顧問公司（AC-Nielsen）調查了1,397位選民，顯示聯合執政的總理約翰・霍華德（John Howard），將贏過反對黨工黨（Labor Party），雙方的比數為52%比48%，「誤差範圍為正負2.6%。」

- 美國大選前十一天，路透社／佐格比（Reuters/Zogby）調查1,212名可能去投票的選民，得出小布希以47%對45%，領先約翰・凱利（John Kerry）。他們說誤差範圍是正負2.9%。

　　隨時隨地都有類似的主張出現。這些是什麼意思？民調真的能預測誰能勝選嗎？他們的調查結果有多能反映選民的真實意見？他們根據什麼標準，主張自家調查結果的準確性或誤差水準？他們真的確定自己的主張嗎？

　　還有，民調怎麼說到底有何重要？

　　公眾意見調查在現代政治流程中占有一席之地。畢竟，要拍板決策，要端出政策，要評估表現，要從事競選活動，這些都要

以民調結果為依歸。政治人物可能會宣稱他們「並不相信民調」或者「唯一重要的民調就是選舉當天的數字」，但現實是他們會根據最新（很可能是私下的）民調數據來做很多決策。

我們可以主張，民調能比選舉為我們帶來更直接的民主。選舉時，我們僅能投給一個政黨或一位候選人，而且所有政黨通常在某些議題上的行為都很相似。但有了民調之後，政治人物規劃下一步時，就算是間接的，也會把我們對於每一項特定議題的意見納入考量。

有時候，民調似乎能為選民傳達額外的訊息。舉例來說，2003年，多倫多市長大選有44人參選，其中至少有5人知名度很高，備受矚目。這些候選人各有不同的政治意見，因此導致了大量的可能性，讓選民十分困惑，不知該怎麼投票。然而，在這段漫長且戰況激烈的選舉期間，經常有人發布民調結果，兩位候選人脫穎而出：一位是知名的中間偏左候選人（他贏得43%的選民支持），另一位是著名的中間偏右候選人（他緊接在後，獲得38%的選民支持）。其他候選人（包括在各家民調中原本領先的人）各得不到10%的選民支持。人民運用民調創造出某種對話，並將大量的市長候選人範圍收緊到只剩下一個明確、具有吸引力的選項。

2005年英國大選，首相托尼・布萊爾（Tony Blair）指出，「顯然英國人民想要重回一個限縮多數優勢的工黨政府」，這算是講出了多數分析師的心聲。但是，任何一張選票上都沒有「限縮多數優勢的工黨」這個選項。這是英國選民運用民調結果以平

衡投票，得到他們想要的選舉結果。

另一個相同現象的範例，是1995年魁北克的主權公投。魁北克省要投票決定要不要脫離加拿大，組成獨立的主權國。此事關係重大，很多魁北克人左右為難。投票結果若是明確的贊成，會導致要快速獨立，這是多數魁北克人不樂見的。但如果得出壓倒性的反對結果，很可能會削弱魁北克人的談判地位，並讓其他的加拿大人輕忽、甚至不顧未來幾個月魁北克的憲法與財政要求。然而，每一位魁北克居民都只能投下贊成或反對，因此，藉由謹慎追蹤民調結果、並在必要時轉換他們效忠的對象，魁北克人就這樣得到了很多人尋求的平衡投票結果：49.4%贊成，50.6%反對。沒有民調，很可能就得不出這麼勢均力敵的結局。

2004年6月由《麥克林》雜誌（*Maclean's*）所做的線上調查發現，在被問到民調結果是否反映出他們的投票意向時，有整整91%的受訪者說「否」。但我不相信他們說的話。我認為，很多選民確實因為民調而受到影響，只是他們沒有察覺到、或不願承認這一點。

小心，別落入民調的陷阱！

看來很清楚的是，民調對於我們的社會政治體系造成極大衝擊。但，民調到底代表什麼意義？

假設有一家民調公司抽樣調查了1,000人，並主張他們的調查結果「在20次中，有19次準確度都在正負3.1%以內」。一開

始可能會讓人認為，他們的意思是在20次調查中，有19次接下來的選舉結果，在該公司所得出數字的正負3.1%之內。事實上，敢提出這麼大膽的說法，需要精準理解很多因素。例如：民調日與投票日這段期間內，政治意向的變化；人民可能會對民調人員說一套、投票時又有另一套行為；尚未決定與拒絕作答的選民可能會有哪些行動；哪些選民會投票、哪些不會去投等等，各式各樣無形因素。

行家和分析師超時工作，想辦法理解這些因素，並運用統計模型來模擬，嘗試做出估計。然而，投票意向非常複雜且微妙，民調公司沒有這麼強大的預測能力。

所以，民調公司說的東西沒這麼了不起，其實普通得很。他們的主張是：如果在該投票區進行「全面式的民調」（而不是僅抽樣1,000人），打電話問每一位合格的選民，那麼，在20次調查中，他們的1,000人民調結果和全面式民調的結果誤差範圍，在正負3.1%範圍內。

或者，可以換句話說：如果他們連續做20次類似的民調（亦即，每一次都重新打電話給1,000位成年民眾，詢問他們的投票偏好），約有19次的結果，會和「正確」答案（亦即，人民在特定時間會告知民調人員的真正政治偏好）差異正負3.1%內。

簡而言之，民調沒有魔法，不必然能預測出人民實際上會做什麼、或是實際上會怎麼投票，民調只能提報人們在電話中如何答題。民調的誤差範圍和誰會贏得選舉並無直接關係，只是在說

明，如果用這次的民調結果，來衡量所有合格選民都被問到相同問題時會如何答題，準確度有多高。

　　民調的另一個難處，是政治環境會改變，有時速度極快、而且是戲劇性逆轉。因此，民調會竭盡全力去預測這樣的轉折。比方說，他們會試著詢問一些輔助性的問題，以查明候選人得到的支持「深度」。例如：「就算這位候選人在接下來的辯論中表現不佳，你還會繼續支持他嗎？」或者「即使你不認同他在某些議題上的立場，你還會支持他嗎？」但是，這類做法的價值有限，不必然能預測出選舉結果。不管怎麼樣，任何民調的「誤差範圍」，都不會反映出這些考量。

　　最驚人的選民意見轉向範例，是1948年的美國總統大選。早期的選前民調預測，共和黨的湯瑪斯・杜威（Thomas Dewey）會輕鬆贏過民主黨的杜魯門，預測勝出的幅度在5%到15%之譜。這項結論很清楚，各家民調公司根本懶得去做什麼後期民調，以查核最後一刻選民偏好的變化。選舉結果出爐，杜魯門險勝，讓很多民調公司顏面盡失（大約有三十家美國報社馬上取消訂閱蓋洛普公司的民調結果），而《芝加哥每日論壇報》（*Chicago Daily Tribune*）竟然在杜魯門確定勝選之後，登出大大的頭條寫說「杜威打敗杜魯門」，讓很多人困惑不已。

　　民調公司在1948年之後就學到教訓，現在他們會定期做民調，直到選前一、兩天才收手。但即便做到這樣，還是無法完全估算到意外。1992年英國大選，意見調查指尼爾・金諾克（Neil Kinnock）領導的工黨，會險勝約翰・梅傑（John Major）的保守

黨。然後，等到最後票開出來，保守黨仍勉強維持住了多數的局面（總共651個選區，只多贏了21個選區）。保守黨之後也繼續執政，一直到1997年。1992年的選舉結果，讓我的英國統計學家友人感受到雙重失望：他們很失望保守黨人又選上了（保守黨被視為不支持大學的一方），民調出錯也讓他們十分尷尬。有些評論家把原因歸咎於，選舉日當天民粹主義小報《太陽報》（Sun）登出反工黨的標題，直指這是民眾最後一刻改變心意的關鍵理由。

2004年加拿大大選前一天，艾克斯與其他幾家民調公司都指出，這是一場勢均力敵的選舉，自由黨和保守黨兩方的支持率都各在31%或32%之間。但在選舉日當天，自由黨拿下36.7%的選票，保守黨則為29.6%。自由黨從本來和保守黨纏鬥的局面，變成輕輕鬆鬆打敗對手。發生什麼事？看起來的情況是，在投票前的最後一天，約有5%的選民害怕保守黨勝選，因此改變主意投自由黨，而這些人大多數是新民主黨的支持者。（新民主黨一位資深顧問喟嘆：「自由黨基本上是在一夜之間壯大。」）這樣的轉向幅度很大，足以讓自由黨穩穩勝出，擺脫難分難解的局面。之後，很多人譴責民調公司無能，但現實是，他們只是難以預測的選民最後一刻變心的受害者，換言之，也就是民主的受害者。

西班牙2004年的選舉爭議更大。選前三天，恐怖分子炸了四班通勤電車，害死了191人。政府官員立即譴責巴斯克區（Basque）分離主義團體「巴斯克祖國與自由」（Euskadi Ta

Askatasuna，ETA），但後來發現該負責任的是蓋達組織。到頭來挨罵的是西班牙政府，因為他們在前一年加入美國入侵伊拉克的行動，而且也誤導大眾對於通勤電車爆炸案的看法。這樣的結果導致很多選民拋棄執政政府，讓執政黨從選前民調的穩操勝券先，到選舉日當天的一敗塗地。同樣的，沒有哪一項民調的誤差範圍預測到，事情會有這麼大的轉折。

民調機構碰到的另一個難題是，人們不見得說實話。有些人就是不想誠實說自己的投票意向。如果不老實的情況是隨機的，沒有特定模式，那麼，民調的結果仍然有效。但假如受訪者不說實話的情況特別偏向某一方面，民調公司就麻煩了。

有一個範例，是關於在美國投票給非裔美籍候選人。很多人不想顯得自己有種族歧視，他們會對民調人員（以及其他人）說，自己打算投給非裔美籍候選人。然而，等到選舉日，有些人又改投其他候選人。如此造成的結果，是民調通常會稍微高估非裔美籍候選人的支持度。去問問大衛・丁金斯（David Dinkins）就知道了。1989年，民調預測他會輕鬆勝選，成為紐約市的市長，但實際上他贏的非常艱辛。接著，到了1993年，民調又預測他可以在競選連任時險勝，但事實是他以微幅差距輸給魯迪・朱利安尼（Rudy Giulian）。同樣的，1996年，民調預測前任北卡羅萊納州夏洛特市（Charlotte）市長的非裔美籍候選人哈維・剛特（Harvey Gantt），可以小幅差距勝過參議員傑西・赫姆斯（Jesse Helms），但事實上他小輸了幾個百分點。

而每一場選舉中，都會有些選民說他們「還沒決定」。通

常，民調結果不會計入這些遲疑未決的選民，大部分時候，這不會造成任何問題，但是，如果這些還沒決定的選民出於某些原因偏向於做某些事，就很可能歪曲結果。魁北克的主權議題在這方面又再度成為重要範例。現在大家都知道，在討論魁北克主權問題時，很多魁北克人宣稱他們「還沒決定」，因為他們打算在公投時投下反對票，但親友鄰居卻對他們施壓，要他們投贊成票。（加拿大前總理尚‧克瑞強〔Jean Chrétien〕評論1980年公投時就說了：「對聯邦主義者〔指投反對票的人〕來說，在走進投票亭之前都保持安靜，會比較輕鬆一點。」）而民調公司在估計有多少人支持魁北克獨立時，通常會把75%還沒決定的人劃入反對這一邊，只把25%留給贊成這一邊。如果他們沒有據此修正，民調結果將會高估獨立的支持度。

有些選民就是不想回應民調人員，有可能他們天性注重隱私，或太忙，或者根本就反對民調這件事，或是他們從來不在家、因此沒辦法接電話。甚至最新的變化是，他們只用手機（依規定，民調業者不得撥打手機，因為手機主人有可能必須要付費才能接電話），因此不在電話民調的接觸範圍內。不管是哪一種，假如這些無法接觸到的選民意見橫跨整個政治光譜，沒有特別偏向某些立場或候選人，那麼，無法調查他們的意見對於民調的準確度影響微乎其微。但是，如果這些無法接觸到的人通常會有特定的投票行為（例如，新移民通常比較不會在民調時說真話，也更可能支持特定政黨），民調結果就會有偏差。有些民調機構擔心，愈來愈多人受夠了不請自來的民調電話，或是轉向只

使用手機，這個問題將會愈來愈嚴重。

很多宣稱支持特定政黨的人，選舉日當天根本沒去投票。因此，在現代政治活動籌畫中，很重要的一環就是，要安排志工提醒支持者選舉日到了、引領支持者到投票所等等的「催票」活動。同樣的，如果所有政黨在催出選票這件事上同樣成功，就不會影響民調的準確度。但假設有某個政黨明顯比其他成功，最後實際拿到的選票，可能會比民調機構預測的百分比高很多。

無所謂黨的悲慘故事

經過仔細思考之後，你決定最好的生活方式就是無所謂。你夢想著創造出全國人民都躺在沙發上的國家，每個人都倒在那裡不斷看著劣質的電視節目。為了實現你的夢想，你創辦了無所謂黨，投身於鼓勵全國人民過著無所謂的生活。

選前民調指出你挑動了人心。有整整40%的人對民調人員說，他們支持你的政策，勝選看來唾手可得。

選舉日當天，你很驚訝地發現，沒半個選民投票給你的政黨。看起來，你所有的支持者都留在家裡看電視了。

民調機構在針對有爭議的問題或違法活動做調查時，比方說吸毒，必須特別小心。舉例來說，最近一項調查提報，約有14.1%的受訪者過去十二個月內曾經吸食大麻，比1994年的7.4%高了將近兩倍。這表示吸食大麻的人變多了，還是2004年

的受訪者比1994年的受訪者更無懼於承認他們（非法）用藥？光從調查資料來看，完全無從得知。

不過，有一個辦法可以處理這個問題，就是用隨機作答（randomized response）來進行調查。比方說，民調人員會請每一位接受調查的受訪者丟骰子（私下進行），如果點數是6，不管下一個問題是什麼，他們都要回答「是」，否則的話，他們就要按照實情回答「是」或「否」。這樣一來，受訪者就比較不怕要真實作答。就算他們回答是，民調人員也不知道他們是真的吸食大麻，還是他們並不吸大麻，只是剛好丟出一個6點。

但民調機構要怎麼做這種調查？答案是，善用機率理論！假設受訪者有1萬2,000人，每一個人都要先丟骰子，然後再依照上述規則作答。假設其中有3,800人回答「是」，其餘的人回答「否」。現在，平均來說，每六個人就有一個人會丟出6點（那就是2,000人）、然後回答「是」。把這些人從調查結果中刪掉，我們還有1萬名據實回答問題的人，當中有1,800人答「是」。這個結果指向，在過去一年內約有18%的受訪者吸大麻。這個預估值（18%）很可能相當準確，因為隨機作答的設計，會讓受訪者誠實回應。

最後，很多時候，就算調查結果本身完全有效，但因為設計與詮釋民調的方式不同，也會導致結論各自表述。舉例來說，媒體廣泛報導，2004年美國總統大選所做的出口民調（exit poll）中，選民被問到影響他們投票行為的最重要議題是什麼，選擇「道德價值觀」的人，比選擇其他項目的人都多。批評勝選者小

布希的人主張，這證明了布希的支持者都是極端的基督教保守主義者。保守派則主張，這項民調結果指向，美國公眾意見出現基本面的轉變，朝向更偏宗教、更敬神的觀點。但是，如果更進一步檢視會發現，只有22%的受訪者選擇「道德價值觀」。此外，「道德價值觀」一詞對不同的人來說可能意義不一樣。然而，調查中列出的另外六個選項則比較明確（例如「伊拉克」、「恐怖主義」和「醫療保健」）。事實上，有19%的選民選了「恐怖主義」，15%選了「伊拉克」，加起來共34%。因此，如果民調設計成把這兩個議題合併在同一個項目內（變成「安全」或「外交政策」），民調的結論就會變成「安全」是選民的第一考量，而得出的結論就大不相同，說不定還更精準。

調查最有可能出現的問題

調查最有可能出現的大問題，是偏誤。

我們都很清楚，有些人會去徵詢「一群」密友的意見，然後從中得出結論指出「每個人都認為如此這般」。從機率觀點來看，我們會說他們的調查樣本有偏誤：他們的朋友表示認同，並不代表其他人也認同。

同樣的，人都有一種傾向，僅會去注意到支持自身立場的事實或主張，忽略其他。舉例來說，我有一個朋友比我更相信男孩與女孩在行為上的差異是天生的，她就注意到她的小兒子很喜歡玩玩具卡車，這「證明」了他天生的男性特質。然而，她兒子其

實也很喜歡花草，但我的朋友駁斥這一點，她說他在這方面的興趣不明顯、而且是不重要的個案，從而強化自己的傳統性別刻板印象。

廣告中也充滿了調查偏誤。舉例來說，很多電視廣告會宣傳各種減重相關的運動或飲食計畫，裡面一定會有心滿意足的客戶證言。他們會誇張地講到，自己使用產品之後掉了幾公斤、衣服小了幾個尺碼或哪裡減了幾寸。問題是，這些顧客都是產品公司精挑細選出來的。很有可能，很多使用了該產品的顧客根本沒有瘦（甚至還**胖**了），但你不會看到這些人出現在電視上。我們看到的證言構成了抽樣偏誤（biased sample），在統計上根本不具分量（反之，身材倒是很有分量）。

基於同樣的理由，不管任何民調，只要是由與結果有利害關係的營利事業或政黨直接做出來的，我們永遠都不應該相信。選擇性報告和有偏差的抽樣會影響結果，而用不同的措辭或語調來描述問題、詢問受訪者，也會有差異。來看看以下這兩個問題：「你是否同意，膨脹過度的政府應該調降辛苦工作人民的稅率，以提高效率並創造更多就業機會，從而嘉惠每一個人？」以及「你是否同意，應容許富有的跨國企業留下更多高額獲利，降低他們對醫療保健、教育與大眾運輸等社會基本需求的付出？」這兩個問題問的基本上是同一件事，但很可能得到大不相同的答案。

企業、政治人物，甚至是古怪的個人提供資金並委託進行調查，沒什麼問題。但調查本身一定要由獨立、專業且有經驗的調

查公司來做。唯有執行調查的機構可以確保是從整個母體中隨機選出所有調查對象，沒有任何偏誤或偏袒，才可認為調查結果有效。

年華老去的冰上精靈

小時候，你最喜歡學校裡安排的溜冰活動。你和同學們擠在黃色校車上，開往本地的溜冰場，你總是在冰上呼嘯來去。雖然你從來不是溜的最出色的那一群，但你確實比一般人都棒，而且總是玩得很開心。

如今，多年以後，你看到一張廣告，上面寫著市中心的溜冰場有每週的「成人溜冰」活動。為了緬懷舊時光，你買了一雙二手的溜冰鞋，在冰上滑了起來。你新買的溜冰鞋很不錯，過去的感覺又回來了，你覺得超棒的。

但就在此時你看了看溜冰場，很震驚地看到大部分滑冰的人不是速度飛快，就是優雅旋轉，也有人後溜炫技，甚至還有人展現跳躍和迴旋動作。冰上大約有 100 人在溜冰，你無疑是最差的那一群。

怎麼會這樣？你的溜冰技巧已經退步這麼多了嗎？你不覺得。但如果不是，你怎麼會從前段班掉到最差的那一群？那些以前溜冰溜的遠遜於你的人，現在是發生了什麼事？

然後你想到了：你是抽樣偏誤的受害者。畢竟，會固定來參加成人溜冰活動的人，是享受溜冰、能展現高超冰上技巧的

那群人。其他小時候不太會溜冰的人呢？他們之後很少再去溜冰了，此時此地很少會有這種人，所以很難讓你相形之下看起來很棒。

我們看到，在日常生活中有意無意去做一些非正式的「調查」時，確實會有偏誤問題，那麼，由信譽卓著的民調公司所做的正式官方調查又如何？他們難道不會小心行事，在調查中避開偏誤嗎？

通常答案是會。專業的民調公司有多年的經驗，確實會避免把偏誤帶入調查中。正因如此，他們做出的預測才能經常非常接近選舉日的結果。然而，在某些情況下，也可能出現其他形式的偏誤。

舉例來說，1995 年安大略省選出的保守派政府，推出一套激進的福利改革方案，其中有一項就是要刪減 21.6% 的社會福利，並設定更嚴格的請領社會福利津貼條件。政府宣稱，這些變革會鼓勵領取福利的人終結依賴，找到工作。批評人士宣稱，這會使得社會中最貧窮的人面對悲慘苦境。現實中，仰賴社會福利的人數真的快速減少。然而，到底為什麼會這樣，之前仰賴社會福利金的人又怎麼了，則眾說紛紜。

為了做出回應，政府委託進行一項調查。1996 年 10 月，一家民間的民調公司打電話給當年 5 月、遭到剔除社會福利金請領資格的人。該公司提報，其中有 62% 的人不再請領社會福利的理由，是找到了新工作。社會服利部部長很得意地宣告：「絕大

多數脫離這套體系的人，其理由都和找到了工作有關。」

　　但有個問題。民調公司嘗試聯絡所有1996年5月之後不再請領社會福利金的人，總共1萬6,219人，但想盡辦法僅追蹤到其中的2,100人。其他的1萬4,119人怎麼了？可想而知，當中有很多人被迫搬遷，或者不再擁有電話，或是有其他理由導致聯絡不上。簡而言之，這2,100人構成的是有誤差的樣本。已經聯絡上的人當中有38%找不到工作，除此之外，在1萬4,119位聯絡不上的人當中，很有可能大部分也都**沒有**找到工作，而且處境比以前更糟糕。然而，社會大眾花了好幾天辯論（再加上仔細考慮抽樣偏誤），才清楚得出這個結論。

瘋狂選舉夜

　　選舉之夜會出現另一種不同的偏誤。由於要完成計算並提報所有選票通常要花幾個小時，選舉結果會片片**斷斷**、陸陸續續傳進各媒體中心。你可能以為，這是不偏頗的取得資訊方法。畢竟，所有選務人員都嚴守中立立場，他們都很努力，盡可能及早提報選舉結果。當然，如果人們的投票行為和開票延遲兩者之間無關，不管怎樣呈報，都不會影響選舉結果。然而，有時候，投票和開票延遲兩者之間確實**有**關係。

　　最驚人的範例，就是1995年魁北克主權公投當晚。此案事關重大，投票結果非常接近，幾百萬的加拿大人當天傍晚都黏在電視機前。公投排定的結束時間是晚上八點，到了八點半，開始

有投票結果出來了。早期回報的票數顯示投「贊成」的這一方領先。隨著愈來愈多投票結果進來，「贊成」方繼續小幅領先。就連過了幾個小時，大部分的票都算完了，「贊成」這一邊在開出來的票數中仍高於50%。一直到將近晚上十一點出頭時，「反對」方才一點一點迎頭趕上，接近十一點半時，主要的全國性電視網CBC正式宣布「反對」這一邊獲勝。

怎麼會這樣？票數開出超過一半時，「贊成」方還領先，最後卻輸了。如果只抽出1,000人當樣本、做出來的調查結果都可視為準確，那麼，超過半數選民組成的樣本得出的結果，不是應該更準確嗎？

當然，有部分的理由是票數非常接近，任何小幅的變動都會導致不同陣營領先。但更根本的答案是，計票行動的延遲並非完全隨機的。確實，拖最晚的地方在蒙特婁市區。到了晚上約十點，蒙特婁以外的大部分選票都已經開完了，但蒙特婁卻還有很多票沒有開出來。此外，蒙特婁有大量的非法語區人口，也顯得更全球化，這裡大部分的人都反對獨立。因此，到晚上十點前開出的部分選票，是有偏差的樣本，裡面計入太多非蒙特婁人的贊成票，相較之下，就不足以反映出蒙特婁人投下的反對票。這裡面的偏誤很大，以至於就算以整個魁北克人來說，大多數的人投的是「反對」，但到晚上十點前開出來的票多數卻是「贊成」。即便已經是選舉夜了，有偏差的抽樣還是讓人膽戰心驚。

另一個有意思的範例，是美國2000年總統大選，佛羅里達州提報的開票結果。現在大家記得這些結果，是因為有很多拖得

很久的選後爭論，例如蝴蝶票（butterfly ballot；按：印製選票時將候選人分成兩列，如蝴蝶的兩翼）、懸孔票（hanging chad；按：美國投票時是在想投的候選人名字上打孔，打孔的選票才計為有效票，如果力量不夠大，票孔可能沒有穿透，就會有疑義）、人工重新計票、選務人員有特定的政黨偏向，以及最高法院的判決等等。但其實，發生這場選舉災難之前，佛羅里達的計票過程就已經讓人霧裡看花了。選舉之夜，大約在美東時間晚上十點，多數的電視台都預測艾爾・高爾（Al Gore）可輕鬆拿下佛羅里達，甚至有幾家電視台預測高爾會因此贏得整場總統選舉。大約一小時後，他們就被迫收回預測，因為佛羅里達州的結果忽然變成「太過接近，難以預測」，而後來證明這樣講還低估了局勢。

發生什麼事？電視台忘了時區這一點。佛羅里達州絕大多數地區都在美東時區，但西北角的狹長地帶（Panhandle）卻在美中時區。而該州各地的投票時間，是在當地時間晚上八點結束，這表示，狹長地帶的開票時間會晚一小時開始。由於狹長地帶的選民多半傾向投票給共和黨，電視台低估了共和黨在佛州的得票數，錯誤預估高爾將穩穩拿下該州。確實，這些電視台運氣很好，佛州的開票結果後來因為總票數極為接近而出現爭議。不然的話，他們的錯誤會遭到更嚴重的批評。

「統計上不分勝負」的男人對決

2004年美國總統大選，小布希與凱利的大對決也給了我們

一些觀點，看透不同的民調議題。這場選舉預料是五五波的局面，再加上小布希在第一任任期間挑動社會兩極化（多數人民要不是很愛他，就是很恨他），因此選情很熱烈。選前很多人做了很多民調。在11月2日選舉日前幾週，有兩家公司每天做民調。而且，基本上，每一家民調公司和媒體都至少發起一項民調。

這些選前民調得出的結果都非常接近，都在「誤差範圍之內」。基本上，每一位評論員都宣稱，這場選舉「選情膠著，勝負難定」。民調公司拉斯穆森報告（Rasmussen Reports）每天調查500位到1,000位美國公民，持續很多個月。但就連他們都判定，兩邊都很有可能勝出，因為很多州都「勝負未定」。而知道一場選舉結果將會很接近，是非常重要的資訊。這會激勵政黨志工不眠不休拉票，促使人民出來投票，並讓候選人更關心選民意見。可惜的是，這無助於選舉民調的主要功能：找出誰會贏。

即便預測局面會很接近，但絕大多數選前民調都指出領先的是布希，惟幅度很小，僅有幾個百分點而已。每一項民調做出來的結果，都比誤差範圍值還小，因此「在統計上不分勝負」。然而，若將所有民調結果加起來，也可能有效做出一個更大型的單一民調。

這麼做為什麼會有用？我們在下一章會看到，更大型的民調對應的誤差範圍會愈小。如果一大群的民調都指出布希會險勝，那麼，這就比只有一項民調這麼說更有說服力。在選前幾天，情況很清楚（反正對我來說是這樣），如果把所有的民調都加在一起，可以預測出布希會險勝。雖然幾乎每一個人都宣稱這場選舉

「勝負仍在未定之天」，但我相信，排除任何重大且意外的最後一刻意見轉向，小布希會勝出，小贏幾個百分點。

多數選前民調都很一致（指出小布希會小勝幾個百分點），但也有一些不然。特別是，《時代》雜誌以及《新聞週刊》各自做的民調，都指出小布希整整超前了10%。史考特・拉穆森（Scott Rasmussen）是知名的民調專家，他自己每天追蹤各種民調，並分析當中的差異，指出這兩家雜誌社在抽樣時抽到太多有登記的共和黨選民。這是說，這兩項民調都出現了偏向共和黨的抽樣偏誤。計入這項偏誤之後，得出的結論就和其他民調很類似：布希超前幾個百分點。

選舉之夜出現更讓人亢奮的局面。票不斷開出，基本上已經確定的是，如果小布希贏得佛羅里達和俄亥俄州，就贏得總統大選。另一方面，出來投票的選民人數高於預期，有些人認為這一點有利於凱利。還有，出口民調（有一群選民在他們走出投票亭之後馬上被詢問投給誰）似乎顯示，凱利在俄亥俄稍有領先，在佛羅里達則打平。他能否在最後一分鐘逆轉勝？

真正開票時，小布希很快就跑在前面，在佛州和俄亥俄州都領先4%到5%之間，和出口民調的結果相衝突。是出口民調錯了，小布希終將贏得這兩州與整場選舉嗎？還是說，這種情況就像是魁北克公投期間的計票問題一樣，某些共和黨占多數的地區，開票速度比別的地方更快，以至於弄糊了整體結果？

電視台的分析師在這個問題上幫不上什麼忙。佛羅里達的選票開出75%以後，小布希得票率為52%，仍勝過對手的47%。

即便如此，CNN的傑夫‧格林菲德（Jeff Greenfield）宣稱要講結果會怎樣還太早，因為「我們不知道這些選票是從哪個地方開出來的。」這種說法有點奇怪，因為CNN自家官網上有佛羅里達的實況開票報導，每個郡每個郡分開列示。我檢驗這些開票結果，發現開票的狀況相當平均：某些郡已經開完票了，有些只開到一半，但是沒有明顯模式指向，支持小布希的地區比較快開完票、或是支持凱利的地區比較慢開完票。沒有理由認為接下來開出的票會大幅改變結果。在佛羅里達各投票所結束投票後一個半小時內，我就知道布希會拿下佛羅里達州了。

俄亥俄州的情況更有趣。早期開出來的票顯示，小布希的得票率是52%，勝過對手的47%。但由於出來投票的選民大增，很多人必須排上四個小時的隊、甚至更久才能投票（也有人懷疑，是投票所不足所致），開票的進度非常緩慢。結束投票之後，過了好幾個小時才開出三分之一的選票。小布希能保持領先的局面嗎？更深入檢視數字（同樣的，也是從CNN官網擷取而來），顯示俄亥俄州有一個很特別的郡——庫雅荷加郡（Cuyahoga，即克里夫蘭〔Cleveland〕和周邊地區），非常有意思。這裡的選民人數很多（超過50萬人，相比之下，俄亥俄很多郡也不過2萬人），此外，這裡投票給凱利的比率約為二比一，而當時開出的票還不到一半。隨著庫雅荷加郡的結果漸漸出爐，凱利也確定拿下勝選。然而，我很快算了一下之後，我相信凱利在庫雅荷加郡贏到的優勢，還不到他能勝過小布希所需的一半。

所以，到了美東時間晚上十點，我很確定（但不太開心）小

布希將拿下佛羅里達和俄亥俄兩州，從而贏得大選。在此同時，多數電視台在他們四年前做出的錯誤預測刺激之下，一直到深夜都不願意針對佛羅里達州的勝負下任何定論，至於俄亥俄，更是到了隔天上午很晚的時候才有結果。

定局是什麼？小布希以51.1%對48.0%贏得普選，非常接近各家選前民調的平均值。他以52.1%比47.1%拿下佛羅里達，符合早期開出票數所指的結果。他以51.0%比48.5%贏得俄亥俄，小於早期開票結果的領先幅度（因為庫雅荷加郡之故），但仍然是很明確的獲勝。簡而言之，雖然電視台力求謹慎，但以選前民調和最早的開票結果來看，選舉結果並沒有什麼意外之處。

最後剩下的問題是出口民調。原本做出口民調的老牌機構「選民新聞服務社」（Voter News Service）已經解散，換成結合六家一流媒體（ABC、CBS、NBC、CNN、福斯新聞網和美聯社〔Associated Press〕）的新機構「全國性選舉報導團」（National Election Pool）。他們做大量的出口民調，並用上最新科技。但為何這些出口民調，指向凱利在俄亥俄州會勝出、在佛羅里達州會出現緊咬不放的局面？

答案是，並非所有選民投完票之後，都願意和民調人員聊聊。有些人忙得很，有些人趕時間，也有些人寧願自己知道投給誰就好。顯然，在2004年總統大選中，凱利的支持者（他們對小布希感到憤怒，而且對這一點甚為自豪），比小布希的支持者更願意和民調人員聊聊。這樣一來，出口民調（和其他選前民調不同）中顯示凱利得到的支持度就高於真實情況。簡言之，出口

民調有偏誤。

　　民調極為重要，而且極具影響力，但必須正確解讀。有偏差或會造成誤導的民調不只沒用，還會造成惡果。就算是優質民調，也無法預測未來，更無法完全克服受訪者不誠實作答的問題。但至少，民調能讓我們快速一覽目前的意見，指點一下未來可能的方向。

11

向人民問卦
誤差範圍的祕密

　　我們從前一章看到民調有很多限制。然而，民調也有助於我們大致了解現況，甚至促成人民之間的溝通與合作。另一方面，民調算不到未來的變化，而且，如果執行不當，或者某類受訪者參與率很低，就有可能出現偏差。民調很容易因為民眾不實的回答、或是某類選民投票比例很高或很低，而受到影響。確實，當一項民調提報「誤差範圍」，實際上衡量的是，如果他們調查的對象是整個母體、而非某個樣本，該項民調的結果和整體調查結果的差異性有多大。

　　即便如此，誤差範圍仍是很重要的數值。如果受訪者很少，不管民調做得多專業，結果都不太有參考性。反之，受訪者愈多，得到的結果就愈可能接近從整體母體中得出的結果。但有多可能？多接近？「在20次中，有19次的準確度誤差範圍都在正負1.4%內」，到底是怎麼樣算出來的？

不懂誤差範圍？來擲硬幣吧！

　　從機率觀點來看，對人做調查就好像擲硬幣時去算出現人頭的次數一樣，兩者主要的差異，在於我們丟硬幣時事先就知道出現人頭的機率是50%。但做民調時，我們事前並不知道支持特定立場的人占比多少。確實，這點差異就綜括了機率理論與統計推論的差異：在機率理論中，我們事先知道個別的機率。但在統計推論中，我們就無法得知了。

　　因此，若要理解什麼叫誤差範圍，請想成你在丟硬幣，但事前不知道出現人頭的機率是50%。現在，假設你丟很多次硬幣，你觀察到出現人頭的比率，會多接近真正出現人頭的比率（這個機率是50%）？

　　如果你只丟一枚硬幣，要不就是人頭，要不就是字。因此，你得到人頭的比率要不就是100%，要不就是0%，兩者都不太接近50%。

　　假如你丟2枚硬幣，那你有25%的機率得到100%的人頭，有50%的機率得到50%的人頭（在丟兩枚硬幣中有一枚是人頭），有25%的機率得到0%的人頭（丟出的兩枚硬幣都是字朝上）。我們可以把這些機率畫在圖上，如圖11.1所示。

　　同樣的，用這種方法來逼近真實答案（50%），並不太可靠。

　　另一方面，如果你丟10枚硬幣，你得到100%人頭的機率，1,000次不到一次。同樣的，你得到0%人頭的機率也是1,000次

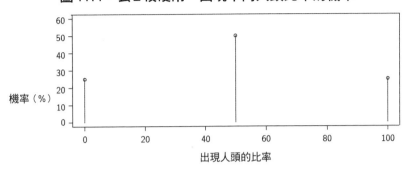

圖11.1：丟2枚硬幣，出現不同人頭比率的機率

不到一次。事實上，得到50%人頭的機率是25%，得到40%或
60%人頭的機率，則各是21%。我們可以把所有的機率畫成另一
張圖：

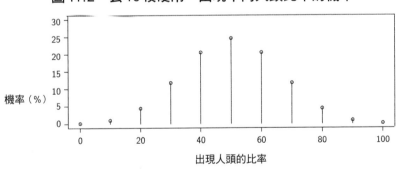

圖11.2：丟10枚硬幣，出現不同人頭比率的機率

　　圖11.2要說的是，當你擲10枚硬幣，最可能得出的結果是
50%的人頭，但也很有可能得到40%或60%的人頭，而得到

30%或70%的人頭的機率也不小。另一方面，你非常不可能得出0%、10%、90%或是100%的人頭。

那麼，要如何把這些結果轉化成誤差範圍？首先，我們必須把各種可能結果的機率加起來，讓總機率至少達95%（換句話說，也就是「在20次裡，有19次」）。確實，如果我們把得到20%人頭、30%人頭、40%人頭、50%人頭、60%人頭、70%人頭、80%人頭的機率都加在一起，得出的總機率就是97.7%，這高於95%。因此，把這些機率加起來，就得出20次裡，至少會出現19次人頭比率的範圍：

圖11.3：丟10枚硬幣，出現機率達95%的不同人頭比率範圍

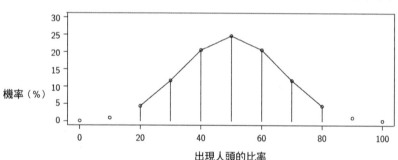

假設你做實驗丟10枚硬幣，並重複實驗20次，那會怎麼樣？在這20次裡，你有近19次會得人頭的比率介於20%到80%。也就是說，在20次裡，有19次得到人頭的比率會在真實比率（50%）的正負30%內。因此，丟10枚硬幣的誤差範圍是

30%。

同理適用於民調上。如果調查10位民眾，誤差範圍將會是30%，就像擲硬幣一樣。也就是說，在20次裡，有19次受訪者支持你指定候選人的比率，和整個母體支持這位候選人的真實比率，相差正負30%以內。換另一種方式來說，你調查10個人得到的結果，在20次裡面有19次的準確度在正負30%內。

現在要說的是，30%的誤差範圍太大了。你以為你指定的候選人得到的支持率是65%，但實際上僅有35%，兩者之間的差異可謂極大。為了改進這個問題，你必須多調查幾個人（或者說，多丟幾枚硬幣）。確實，大數法則告訴我們，丟愈多硬幣，出現人頭的比率愈可能接近50%。

如果你丟100枚硬幣，然後像以前一樣計算機率達95%的比率範圍，得出的圖看起來會像圖11.4。

這是說，當你丟100枚硬幣，在20次裡，有近19次出現人頭的比率介於40%到60%。（如果你不相信我，請動手試試看。）那麼，現在追蹤誤差就變成10%，比我們之前得出的30%小很多。所以說，如果你調查100個人，你的追蹤誤差會是10%。這是說，在20次裡，有19次得出的結果，會是真正支持度的正負10%以內。

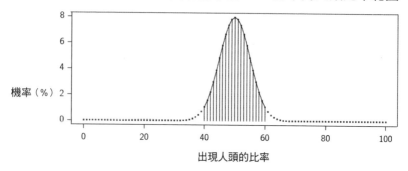

圖11.4：丟100枚硬幣，出現機率達95%的不同人頭比率範圍

機率（%）

出現人頭的比率

好用的老派數學把戲

如果丟1,000枚硬幣？丟1萬枚？你每一次都要一直把結果畫成圖、把所有的機率加起來嗎？還好，不用。我們可以使用老派的數學把戲：**找出模式**。回到1733年，當時一位胡格諾派（Huguenot）的法國人亞伯拉罕・棣美弗（Abraham de Moivre）首先注意到，這些圖愈來愈接近我們現在所說的鐘形曲線。

圖11.5：鐘形曲線

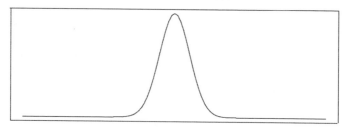

這種收斂成鐘形曲線的現象稱為中央極限定理（central limit theorem），後來，法國數學家皮耶－西蒙·拉普拉斯（Pierre-Simon Laplace）和德國偉大的數學家高斯更深入研究，他們證明很多不同的機率實驗，都可以形成鐘形曲線（也稱為常態分布或高斯分布），並不僅限於擲銅板。（你擲的銅板數目愈多，得出的近似形就愈精準。如果擲100枚銅板，結果很可能看起來像鐘形曲線。但若僅擲10枚硬幣，就不這麼像了。）

利用鐘形曲線，求出擲很多硬幣時的誤差範圍公式，就變成很簡單的事。我們要做的，就是算出到哪一點時，鐘形曲線下方的面積總機率會等於95%。（現代在做這類計算時，只要在高速電腦上跑積分程式就可以了。但如果你很仔細也很有耐性，利用尺和筆也算得出來。）如果是「標準尺寸」的鐘形曲線，95%的區域就介於＋196%與－196%之間：

圖11.6：標準鐘形曲線的95%誤差範圍

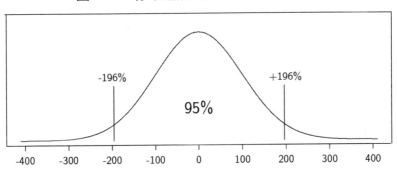

一旦擲很多銅板，得到的機率就會很像標準鐘形曲線，兩者的差別在於前者比較狹窄，緊縮幅度為2乘以你所擲銅板數目的平方根，相當於「標準差」。這也就是說，擲很多硬幣時，誤差範圍會跟標準鐘形曲線很像，兩者只差在後者要除以2乘以所擲硬幣數目的平方根。

196%除以2等於98%，這就給了我們一條很簡單的規則：擲很多硬幣時，誤差範圍等於98%除以所擲硬幣數目的平方根。這是指，在20次裡面，有19次你得出人頭的比率和真實機率（為50%）之間的差距，不會大於98%除以你所擲的硬幣數目的平方根。

舉例來說，假設你擲100個硬幣。100的平方根是10（因為10乘以10等於100），98%除以10等於9.8%。因此，如果擲100枚硬幣，誤差範圍就接近9.8%，這很接近我們之前算出來的誤差範圍10%。

現在假設你擲1,000枚硬幣。如果我們使用計算機，將98%除以1,000的平方根，得出的答案等於3.099032%，約為3.1%。因此，若丟1,000枚硬幣，誤差範圍約為3.1%。這表示，擲1,000枚硬幣，在20次當中，約有19次（占95%），得出的人頭比率介於46.9%到53.1%之間。

跟民調有什麼關係？

現在，我們得出一條簡單的公式，可計算擲硬幣時的誤差範

圍：用98%除以丟擲硬幣數目的平方根。幸運的是，這一條公式也可用於民調。這是指，要判定民調的誤差範圍，你可以很簡單地以98%除以接受調查人數的平方根。真的就是這麼簡單。

我們在上一章一開始的時候，提到四項民調。那要如何把他們宣稱的誤差範圍，拿來搭配我們新找出來的公式？

西班牙民調調查了2萬4,000人，宣稱誤差範圍是0.64%。因此，如果我們用98%除以24,000的平方根，得出的數字為0.6325873%，四捨五入為0.64%。

加拿大民調調查了5,254人，宣稱誤差範圍為1.4%。確實，98%除以5,254的平方根等於1.352%，四捨五入後等於1.4%。

澳洲民調調查了1,397人，宣稱誤差範圍為正負2.6%。而的確，98%除以1,397的平方根等於2.622%，四捨五入後等於2.6%。

美國民調調查了1,212人，宣稱的誤差範圍是正負2.9%。也確實，98%除以1,212的平方根等於2.815%，四捨五入後等於2.9%。

現在你看到了。這些關於誤差範圍和20次裡有19次準確的花俏說法，也就只是98%除以調查人數的平方根罷了。在你知道了這一點，就可以自行計算所有民調的誤差範圍。（有時候民調公司會使用更複雜的分析，以得出更小的誤差範圍。但除非提案或是政黨的支持度非常接近0%或100%，才會大有關係。不然多數時候，民調公司都只是用98%除以調查人數的平方根，這你也可以自己算。）

如果不只要求20次內有19次、而是要在100次內有99次，都達到準確水準（或者叫「信賴水準」〔confidence level〕），你就需要稍微加大鐘形曲線之下涵蓋的面積。具體來說，你要用129%來取代98%，因此要改用129%除以調查人數的平方根。以1,397位受訪者來說（這是澳洲民調的受訪人數），99%信賴誤差範圍為3.5%（而不是2.6%）。所以說，以澳洲民調來說，除了說他們的結果「在20次裡面，有19次的準確度都在正負2.6%範圍內」之外，他們也可以宣稱自家的調查結果「在100次內，有99次的準確度都在正負3.5%範圍內。」兩種說法都成立。

　　如果調查的人數更多，誤差範圍會愈小。確實，當你調查的人數愈來愈多（或者說，擲的硬幣愈來愈多），樣本裡的隨機性多半會抵銷掉，不確定性也隨之降低。用白話來說就是：問的人愈多，知道的就愈多。這不過就是常識而已。然而，利用我們新找到的計算誤差範圍公式，我們可以用精準的數學標準，來量化這番大家都知道的道理。

　　另一方面，民調的誤差範圍並不等於其準確度。由於這四項選舉都已經是過去式，現在可以根據其預測結果的準確度，來論斷這四項民調。

　　澳洲民調很準。他們預測現任總理將以52%比48%贏過反對黨，這十分接近最後的選舉結果52.8%比47.2%。這裡沒什麼好說的。

　　美國民調的表現也很不錯。民調預測小布希會以47%比

45%贏過凱利。以實際選舉來說，小布希以51.1%對48.0%贏得普選。這表示其他候選人（指除了小布希和凱利之外）全都一敗塗地，拿到的票數比預期中少很多。但以小布希對決凱利的勢力消長（這才是重點）來說，這項民調提出的選舉預測相當精準。

另一方面，加拿大民調預測自由黨的支持率為32.6%、保守黨為31.8%、新民主黨為19.0%。實際上的選舉結果為自由黨獲得36.7%的選票、保守黨拿下29.6%、新民主黨則為15.7%（剩下的選票投給其他的政黨）。說起來，這項民調的預測準確度比較差，確實也落在他們的誤差範圍以外。就像之前討論過的，選民意向在最後一刻發生轉變，是預測失準的主因。就算已經謹慎計算過誤差範圍，民調仍有其限制。

最後，西班牙民調是當中最不準的。民調預測執政的人民黨將拿下42.2%的選票，反對派社會勞工黨拿下35.5%。最後的結果幾乎剛剛好相反：社會勞工黨的得票率達43.27%，人民黨則為37.81%。會有這樣的結局，是因為選舉前發生了恐怖分子炸毀通勤電車事件，以及民眾認為執政黨應變不當，導致公眾意見在最後一刻轉向。同樣的，儘管計算了誤差範圍，實際會發生哪些事件以及選民意見如何變化，也已經超過民調公司能駕馭的範疇了。

多接近，才叫做接近？

誤差範圍也給了我們新的觀點，讓我們重新看待什麼叫做「選舉勝負很接近」。

有些選舉是一面倒，但很多都是相當接近的局面。以2004年澳洲和美國的選舉為例，勝負之差僅在於幾個百分點而已。雙方的得票率非常接近，就連到了選舉日當天，都還讓人好奇不知道結果到底會怎樣（也因此，開票結果報告很值得一看）。另一方面，時不時會出現投票結果非常接近、跌破眾人眼鏡的局面。我就想到兩個例子：1995年魁北克的主權公投，以及2000年的美國總統大選。

1995年主權公投終於完成開票作業之時，開出來的贊成票有230萬8,360張，反對票有236萬2,648張（另有8萬5,501張廢票）。在有效票當中，投贊成的人占49.42%，反對票的占比為50.58%。兩邊的票數差了5萬4,288張，差距非常小，把這些人放進足球場裡都還綽綽有餘。顯然，這是票數非常接近的投票。但有多接近？和什麼相比？事實上，有一種比較模式，是假裝每一位投票的魁北克人，都以擲硬幣來決定投什麼票。如果擲出人頭就投贊成，擲出字就投反對。那麼，假如他們**真的**這麼做，正反兩邊的票數會有多接近？

我們都知道如何回答這一題。以這467萬1,008張有效票來說，如果改以擲硬幣來決定怎麼投票，平均來說，會有50%的人丟出人頭。然而，追蹤誤差會等於98%除以4,671,008的平方

根，得出的答案為0.045%（相當於只有2,102票）。這是指在20次當中，有19次勝利方得到的票數，不到總票數的50.045%。但事實上，勝利方（反對）的得票率為50.58%，明顯高很多。所以說，雖然這一次魁北克公投的結果極為接近，但是與真正的50%對50%投票結果的「誤差範圍」相比，還是沒有那麼接近。假設魁北克人真的是靠擲硬幣決定投哪一邊，兩邊的得票率還會更接近。

我們接著來看2000年的美國總統大選。這一次，實際上贏得普選的人是高爾（但因為美國的選舉人團制度，他還是輸掉了這場選舉）。他總共拿到5,099萬9,897票，相比之下，小布希拿到5,045萬6,002票。那麼，在投給這兩位候選人的1億145萬5,899票中（不計投給其他候選人的選票），高爾拿到50.27%。對照之下，小布希的得票率僅有49.73%。這是非常接近的局面，但同樣的，也超出了對應的誤差範圍（誤差範圍為98%除以101,455,899，答案為0.0097%。也就是說，勝利的這一方應該只拿下50.0097%，對上49.9903%）。因此，光以普選來看，高爾無疑是勝利者。

然而，這場選舉裡真正攸關利益的部分，是佛羅里達的票數。無論哪一位候選人在佛州贏得最多票，就會拿到足以贏得選舉的選舉人團票，取得總統大位（不管全國性的普選結果如何）。最後宣布的佛羅里達計票結果（那是歷經了重新計票、懸孔票、蝴蝶票和最高法院判決等諸多爭議之後），是小布希拿到291萬2,790票，高爾拿到291萬2,253票，兩人僅差了537票。

在投給這兩人的582萬5,043張票中（同樣的，忽略其他候選人的得票），相當於小布希的得票率是50.0046%、高爾的得票率是49.9954%。就算計票結果是對的（有可能不對），這也是極為接近的局面。但有多接近？

假設佛羅里達的選民改用擲硬幣決定投票，出現人頭的話投小布希，出現字則投高爾。在這個例子中，誤差範圍是98%除以5,825,043的平方根，得出的答案是0.04%。因此，用擲硬幣決定投票，20次中有19次得到的結果是50.04%對49.96%、或是更接近，換算下來就是相差4,730票。這個結果確實非常接近。但實際投票結果的相差幅度還拉近了九倍。

所以，就算這是一場勢均力敵的選舉，甚至每一位選民都丟了銅板，佛羅里達州的選舉結果仍比我們預期的更接近（近了九倍之多）。即使是以極難分出勝負的選舉來說，這個結果都已經超出常態。

2004年美國總統大選前夕，有很多人在討論這次的結果會不會又像2000年一樣那麼接近、讓人摸不著頭緒。不過，我對此大表懷疑。畢竟，無論候選人有多麼平分秋色，光看誤差範圍就知道數值太大，不可能經常出現像上一次那樣領先幅度微小的勝利。

另一方面，以美國五十州**所有**參議員、眾議員、州長等大大小小選舉來說，很有可能在某個地方出現一場極為激烈的競爭。確實，2004年華盛頓州州長選舉就重新計票三次，民主黨的克莉絲汀·葛芮格爾（Christine Gregoire）終於以137萬3,361票對

共和黨迪諾・羅西（Dino Rossi）的137萬3,232票驚險勝出，兩人僅差129票，對應誤差範圍的話，差距應有3,248票，實際差距只有二十五分之一。有這麼多不同的選舉可供檢視，必然有某個地方會出現讓人訝異的結果。

誤差和不確定性每天都和我們如影隨形。雖然許多時候，我們沒辦法用「98%除以受訪者人數的平方根」這麼精準的公式，來計算誤差範圍，然而，大概地理解「誤差範圍」的意義，仍大有幫助。

不確定的一天

你從床上出來，準備要上班。公車應該要在早上八點十五分到站，但上個星期一和星期四遲了十分鐘，星期二和星期五早了十分鐘。公車時間表的誤差範圍顯然很大。為求安全，你早上八點就走向公車站。

在辦公室，你收到一張主管給你的字條，上面說她早上十點半會來找你，要拿你做的會計報表。你的主管很準時，因此，她進來你辦公室的時間誤差範圍，基本上是零。你十點二十九分完成報表，等著她在十點三十分時準時到來。

中午，你和幾位同事去吃午餐，你吃完還要回辦公室參加下午一點鐘的會議。你想要去比利熟食快餐，這裡通常上菜很快。但這家店有好幾次都客滿，要等半小時、甚至更久才輪得到你吃飯。顯然比利熟食快餐的誤差範圍很大。你改為去克萊

爾咖啡店吃午飯，在那裡，每一張單都十分鐘就完成，幾乎沒有什麼誤差範圍。

下午，在主管指示之下，你必須更改報表的格式。謹慎思考之後，你想到了應該怎麼做。你考慮交由助理完成你的計畫。但是，雖然有時候她可以完全按照你的指示做事，但有時候也會太過「有創意」，交出很糟糕的結果。她的誤差範圍太大。你決定還是自己調整格式好了。

傍晚時分，你今天又安全到家了。你打開冰箱，伸手去拿牛奶盒，但發現過期兩天。牛奶只能保存幾個星期，沒有太大的誤差範圍。你決定安全行事，把牛奶倒進水槽。

你改去拿柳橙汁，發現果汁也過期兩天了。但另一方面，多數果汁可以保存幾個月。因此，過期日可以有相當大的誤差範圍。兩天前過期，或是還有兩天才過期，很可能意思都差不多。你決定把果汁喝掉，喝下去也沒事。

終於到上床時間了。你的鄰居此時此刻沒有發出噪音，但有時候，他們會在大半夜才從派對回來並大聲交談。或者，在深夜看電視，還把音量開得很大，而他們的寶寶也有可能像唱歌劇一樣，放聲大哭。通常不會發生這些事，但是誤差範圍超大。你很小心地打開電風扇，壓過任何可能的噪音，要讓自己一夜好眠。

誤差範圍給了我們新觀點，來檢視生活中的不確定性，並衡量所見所聞的可靠度。通常，我們會希望增加樣本、或更仔細觀

察，以盡量縮小誤差範圍。但在下一章可以看到，有時候不確定性對我們來說也很有利。

12

隨機性來救命
當不確定性成為朋友

在電影《刺激》（*The Sting*）裡，羅伯特・雷德福（Robert Redford）扮演強尼・胡克（Johnny Hooker），一個朋友很擔心他會成為下一個黑幫受害者。這位朋友試著阻止胡克陷入悲慘的命運，建議他要避開黑幫分子可能找到他的地點。他希望胡克去任何人都想不到、猜不到的地方，就連擁有打手、武力和眼線構成天羅地網的黑幫分子，都完全搜不到。他說：「今晚不要回家，不要去你常去的酒吧，不要去你平常會去的任何地方。」他大可加一句：「去你隨機選的地方。」

做點意外（或隨機）的事情來愚弄某人、贏得賽局或是找點樂子，這是大家都很熟悉的概念。隨機性會帶來很多悲慘與不幸，有時候，我們認為這是要擔憂或避免之事。但有時候隨機性也很有用。例如，每一次我們違規停車時都是在運用隨機性，想著「只停一下就好」，認為不太可能馬上就有警察跑過來。而每

一次備份電腦檔案時，潛意識也想到了隨機性，因為兩、三個不同的硬碟不太可能同時壞掉（而且，備份愈多，同時壞掉的機率就愈低）。隨機性在很多方面都是我們的敵人，但在其他的面向上卻是朋友。

拿顆骰子，想想你握了多大力量

我連續擲一個普通六面骰子50次，得到以下這串數字：

34663463621632143466334452434226433642631152454334

這讓你很佩服嗎？可能不會。擲骰子50次這種事，誰都做得到。然而，你或許應該感到佩服。你看，我創造出過去從沒有人創作過的數字序列，美國中情局花一百萬年也做不出相同的順序！

這是真的。以人類歷史來說，總計至今大約曾有過一兆人這麼多，就算每一個人都可以在一分鐘內做出類似的50個數字順序，每個人都花一百年去做這件事，從遠自凱撒大帝、近到我家附近的肉販都算進去，能夠得出上述特定序列的機率，在1後面接20個零這麼多次當中也不到一次。換言之，要再出現相同的數字序列，絕對是難以想像的事。我的序列不曾出現在任何電腦檔案、網路頁面，或任意地方。

假設中情局有100萬台電腦，每一台都可以在一秒內製造出

10億組序列。要有1%的機會做出和我這組序列一樣的數字,這100萬台電腦要花二十五兆年、每天二十四小時運作才做得到。換言之,不會發生這種事。短短兩分鐘內,我坐在臥室裡、拿起玩《大富翁》用的骰子,就痛踩了中情局在全世界的資源。因此,改編一下童謠《矮胖子》(*Humpty Dumpty*)的歌詞:即使用上國王所有的馬,再加上國王所有的人手,也無法再度,創造出同樣的序列。

真是一股強大的力量。我是指,隨機性威力無比。下一次你坐下來時,若手邊有個骰子,想一想你握了多大力量。

這股力量的由來很簡單:每一個骰子都有六個不同的面。因此,以50個數字組成序列,可能的排列組合數目等於6自乘50次,答案大概等於8後面加上38個零,是大到難以想像的數字。而且,這麼多的序列每一個出現的機率都相等,基本上不可能猜到會出現哪一個序列。

有一個數學家的老掉牙故事(最早是法國的數學家埃米爾・博雷爾〔Émile Borel〕在1913年想出來的)說,讓100萬隻猴子各自隨機敲打字機的按鍵,一直到時間都停止了才休止,在打完這一大堆垃圾之後,牠們最終有可能純粹因為湊巧,而創造出最偉大的文學作品。這倒是真的,前提是這些猴子有**無限**的時間可用。但我們可以看得出來,這種方法在實務上有多不可行。這些猴子要花掉好幾兆、好幾兆、好幾兆、好幾兆年的時間,才有可能敲出「這是最好的時代,也是最糟的時代」這樣的序列。人類作家還不需要停筆,把寫作的事交給猴子。

你可能會想，我們真的需要應用隨機性嗎？我難道不能只是隨便寫下心裡想到的50個數字，根本不用去擲骰子嗎？或許可以吧，但也可能沒辦法。人試著編造隨機序列時，必會遵循某一種模式，有可能是不會連續使用同一個數字兩次，或太常重複某些數字，或是過度使用特定數字。或者，也有可能太過認真要平均用上每一個數字。（舉例來說，在上述的序列裡總共有13個「3」，但只有4個「1」，這在隨機序列中再正常也不過了，但在人造的序列中就不太可能出現。）因此，如果你試著編造序列，就會碰巧選出別人已經選過的東西，或是中情局可以猜到的序列。唯有隨機性才可保證你的序列獨一無二。

有一個很有趣的方法可以用來測試獨特性，那就是使用如Google這一類網路搜尋引擎。如果你在網路上搜尋短短的數字或字母隨機序列，比方說「axzqy」或「325794」，無疑會恰巧找到有著相同序列的網頁。但如果你搜尋稍微長一點的序列，像是「axzqytuvb」或者「3257948394」，很可能就沒有任何收穫。在Google資料庫內、能被搜尋到的數都數不完的網頁中，沒有一個包含你創造出來的隨機序列。這就是個人性。

而且還不只是序列而已。想一想你每天隨機做出的選擇，從早餐要吃什麼、穿什麼鞋子，到你上班路上會對地鐵站務人員說什麼。隨機性讓我們知道，我們隨時都在做很特別的事，即便是每天的小事，都涉及之前沒有人做過的獨特選擇。

機率，又再一次讓你轉危為安

「剪刀石頭布」是很常見的兒童遊戲。數到三，猜拳的兩方各自伸出一隻手，可能是拳頭（石頭）、攤平（布）或是兩隻手指立起來（剪刀）。決定輸贏的原則是石頭可以敲壞剪刀、剪刀可以剪布，而布可以包石頭。如果兩方出的手勢一樣，那就沒輸沒贏，要重猜一次。這個遊戲有時候可以用來決定有爭議的問題，例如誰先做什麼，或是誰可以拿走比較大塊的派。

讓人意外的是，有些人非常認真看待猜拳這個遊戲。例如，「國際猜拳世界錦標賽」（Rock Paper Scissors International World Championships）是一場年度賽事，還會正式頒授猜拳冠軍的頭銜。

如果有猜拳冠軍要來找我挑戰，我會非常緊張。當然，此人的猜拳經驗豐富，能拿到冠軍，想必精通各種必要的心理學和猜測技巧，憑直覺就能感受到接下來我要出什麼。他很可能是善於找出對手模式的專家。比方說，對方總是在出了剪刀之後出石頭，或者總是選擇可以勝過前一次的招式。所有人（包括我）都會傾向於陷入某些模式，而猜拳冠軍就可以運用這些模式來取勝。

但我還是可以做一點安排，長期下來，我打敗冠軍的頻率會和他打敗我差不多。做法是，我可以倚靠隨機性來做選擇，避開任何模式或可預測性。具體來說，我每一次都會先丟骰子再決定要出什麼（國際猜拳世界錦標賽的官方規則並未禁止這麼做）。

接著，如果擲出的骰子點數是1或2，就出石頭。擲出3或4就出布，若骰子丟出來是5或6的話就出剪刀。

我運用隨機性，可保證所有人都無法以任何方式，找出我下一個行動的模式、或是預測到我要出什麼（前提是骰子確實很平均，而且藏在對手看不到的地方）。這樣一來，不管對手有多明智或多敏銳，無論他們採行什麼策略，更不管我的行為偏好有多容易被別人預測出來，我一定可以在一半的時間裡取勝（平均來說）。

這是一套面對任何對手都能立於不敗之地的完美策略，和「納許均衡」有關，理論的名字取自於發明這套理論的人，他就是傑出、但心理飽受折磨的數學家約翰・納許（John Nash），電影《美麗境界》（A Beautiful Mind）裡由羅素・克洛（Russell Crowe）演出的主角。納許均衡講的是策略的選擇，即選出任何對手都無法靠著自身行動來提高贏面的選項。數學上有一個主題叫賽局理論，這套理論證明，在兩方選項有限的賽局（或是競賽）中（例如猜拳），你永遠都可以找到納許均衡，讓對手無法贏過你。但是，你可能需要靠隨機性（比方說丟骰子），才能達成這個均衡。

少了隨機性，可能難逃被猜拳冠軍打敗的命運。但有了隨機性，一定有辦法。

九局下，來一枚幸運硬幣

這是你夢寐以求的一刻。世界大賽，第七場，九局下半，兩出局，滿壘，滿球數，你的球隊目前贏一分。你被指派上場擔任救援投手，你要替球隊拿下這場比賽。

你小跑步到投手丘，幾千名球迷瘋狂地歡呼。如今，一切都由你投出的下一球決定。三振的話你們就贏，打擊出去則對方獲勝。你直直盯著打者的雙眼，準備對決。而你投的最好的兩種球是快速球和滑球，要用哪一種？你想了很久而且很認真想，這裡沒有任何試試看的揣測空間。

在此同時，對手的球員休息區一片忙碌。他們用上各種電腦設備、數學模型和專家分析，彙整所有已知和你有關的資訊。像是：回溯小聯盟時期的你的投球紀錄，你的投球風格和模式，你喜歡什麼、不喜歡什麼，還有你的心情狀態。他們瘋狂地對打者示意，發送你無法破解的祕密訊息。接著，打者對你眨眨眼，他正在預期什麼，他知道了！

你試著保持冷靜。你知道，如果打者猜錯，他幾乎必會被三振。但要是打者猜對，正確預測出你的球路，他很有機會把球打出球場變成全壘打。現在，球賽變成一場猜心大賽。對手會比你聰明，還是你比對手聰明？遺憾的是，你多年來接受的是棒球訓練，沒有太多時間留給數學模式或是益智比賽。

不要這麼快就放棄，你對自己這麼說。也許他們認為你會投出滑球。畢竟，上個月（還是上上個月）對克里夫蘭那場，

九局滿球數時你就投出這種球。那你也許應該改投快速球，愚弄他一下。或者，他們根本就預期你會投快速球？還是，他們已經判定你會交替投不同的球路，所以這一次他們預期你會投快速球，那麼，你應該投滑球。或者，他們就認為你會這麼想，因此，你根本應該投快速球，耍他們一下。

情況看來很複雜，你的壓力愈來愈大，膝蓋很無力，手心開始出汗。你在這種情況下根本無法投球！而你在球衣上擦乾手汗時，感覺到有一個小小的突起：你那位狂熱的叔叔當天稍早，塞了一個兩加元硬幣給你。「帶著去比賽。」他堅持，「這會替你帶來好運。」

忽然間你有個想法。何不讓這枚硬幣替你做決定？耶，這是個好主意。懷抱著新湧出的信心，你拿出這枚硬幣。「人頭的話快速球，字的話滑球。」你想著。你丟出硬幣，用棒球手套接住，然後偷偷看手下方的結果（你小心地藏住硬幣，不讓無所不在的電視台攝影機拍到）。是人頭。

懷抱著新湧出的信心，你站直身體，安定下來，投出一記漂亮的快速球，穩穩掠過一臉訝異的打者。三振！

用一枚硬幣來決定在棒球比賽中要投什麼球，看起來可能很瘋狂，甚至很怯懦。但事實上，這一招（比較正式的名稱是「隨機化策略」），隨時都有人在用。它可用來決定要檢查哪一個製成零件、監督哪一名員工、調查哪些人民，凡此種種。

在上述的世界大賽範例中，如果你不用硬幣，那麼，或許

（只是或許）你的對手（利用他們精密的電腦模型和心理學）會比你聰明，正確猜到你的球路。若是這樣，那他們就很有機會打出全壘打，贏得世界大賽，就假設機率是60%好了。因此，雖然你懷疑他們的電腦模型是否真能神準預測，但他們能做到的可能性至少是有的。

　　另一方面，只要你運用隨機化策略，無論對手有多聰明，無論他們對你了解多少，他們都不可能在很有信心的條件下，猜到你要投什麼球。反之，不管答案是什麼，他們只有50%的機會正確猜出來。這表示，有一半的時間他們會猜對，然後有60%的機會可以打擊出去。有一半的時間他們會猜錯，這時候就一定會三振出局。這樣算起來，整體而言，他們打擊出去贏得比賽的機率，僅有60%再減一半。

　　因此，利用隨機化策略，你可以讓對手所有的知識、見解和電腦模擬運算形同虛設，讓他們無論採取哪種策略，都只有30%的贏面。借用明智的擲硬幣這一招，你可以確保自己有70%的勝利機會！機率又再一次讓你轉危為安！

有了隨機性，樂趣無窮

　　隨機化策略在運動上或許很有用，但在日常生活當中呢？其實，你每次網購時，就是在運用隨機化策略。

　　電腦的本質就是冷酷、理性、精準、機械化。電腦回應精準的指令，如果你同一件事做兩次，電腦也會同一件事做兩次。假

如你第二次做的事情不一樣，電腦也是。（當然，電腦會在相當隨機的情況下故障，但這又是另一回事了。）因此，聽到一般通稱的電腦、或是專門指稱的網路如果沒了隨機性就動不了，可能會讓人覺得很意外。

而電腦在網路上通常需要所謂的「安全連線」（secure connection）。比如，把你的信用卡卡號順利傳輸到購物網站，不讓電腦駭客攔截你的訊息。而他們是透過隨機編碼的訊息做到這一點。

深夜逃脫大作戰

就是今晚：你要在上床時間過後溜出去，和男朋友一起去樹屋。他就要離開你家了，於是你趕快開始和他討論相關的計畫，就在此時，你媽媽進來了。

太糟了，你媽在聽，你們無法敲定計畫。然而，如果沒有適當的規劃，你們就無法順利見面。那要怎麼做？

慌了一分鐘後，你想到了一套解決方案：密碼。因此，你說著稀鬆平常的閒話，講到明天到學校時要怎樣去找你男朋友，並恭維他是一個彬彬有禮的人，偶爾你會張開十隻指頭（「十點過來……」）、把食指放在唇上（「……要安靜不可發出聲音……」），然後垂直移動你的手（「……記得帶一把梯子來」）。

男友離開後，你倆都微笑了，因為你們知道計畫搞定。可

惜的是，你媽也在微笑。她也注意到了你的手部動作，而且她也和你的男朋友一樣聰明。你心碎地看著她拿把鎖，將你臥房的窗戶鎖起來。

要愚弄媽媽很困難。那你在網路上使用信用卡，要擋開駭客又有多困難？一旦你的訊號遭人攔截，電腦駭客（或者是像國際電子間諜機構「梯隊系統」〔Echelon；按：這是以美國為中心的全球情報收集分析網絡，但官方從未證實其存在〕）很可能收集到你為了本次購買而發送的所有訊息。而且，就像上文中的媽媽，他們很可能都像網路商店一樣，理解這些訊息的內容。那我們要如何避免這個問題？

我們需要接收者（比方說男朋友）可以理解、但攔截者（比如媽媽）不懂的傳輸資訊方法。而電腦的安全連線仰賴的是「公開金鑰密碼學」（public key cryptography）協定，協定要求每一部電腦都要隨機挑一支祕密金鑰，以促成祕密通訊（例如，要做到128位元的加密強度，相當於要丟128枚硬幣）。之後，電腦可以利用質數理論，以自己的密鑰來破解彼此的訊息，達到溝通的目的。至於第三方電腦駭客，就算他們能攔截到整個對話，沒有密鑰也無法解碼。

安全連線中的重要步驟，是選擇每一台電腦的隨機密鑰。而顧客和公司有一個選項，那就是每一次線上買東西的時候都丟一把銅板，然後把人頭和字組成的一長串序列都輸入電腦裡。這種方法有用，但實務上不可行。相反的做法是，你的電腦每一次都

利用內建的亂數產生器，自動替你選好隨機金鑰。這樣的安全連線用途不僅限於信用卡卡號。老練的電腦使用者和遠端的電腦連線固定會利用「安全殼」（secure shell；按：為加密的網路傳輸協定，在不安全的網路中為網路服務提供安全的傳輸環境），以免密碼和其他機密資料遭到攔截，而每一次都需要用到隨機性。

網際網路裡處處都是隨機性。假設有兩個人恰好在同一個時刻，發送電子郵件給你。郵件伺服器電腦要怎麼確認兩封信都寄達了？伺服器電腦會乾脆說兩封電子郵件都寄丟了（或者，更精準地說，認定所有互為競爭對手的乙太網路〔ethernet〕封包都寄丟了），然後分別指定一段隨機等待時間給這兩封郵件。如果等待期間有訊息又被送了回來，就會再發送一次。然而，一旦沒有隨機性，所有訊息可能會一再地同時回來，永遠沒完沒了。隨機性像潤滑油，讓多個網際網路訊息可以流暢傳遞。

在電腦遊戲中，電腦隨機性更明顯。想像一下，如果壞人永遠在同一個時間出現，太空異形都以相同的模式移動，虛擬籃球員總是往同一個方向傳球，這些遊戲將多麼無聊。而賦予遊戲生命力、讓遊戲有人性，並把遊戲變得樂趣無窮的，正是電腦的隨機性。

事實上，電腦無法創造真正的隨機性，而是透過虛擬亂數（pseudorandom number）偽造出隨機性。這些是利用複雜演算法公式（通常涉及很大的數目相乘、加上常數以及用一個很大的二的次方數去除之後取餘數）取得的數列。如此得出的結果並非真正隨機，但已經混得很雜而且不可預測，以任何意圖和目的來

說，都可算得上隨機。而虛擬亂數產生器的設計和研究，是很重要的研究領域。另一方面，每一種產生器都有一些缺陷，因此並非真正隨機，但希望已經夠好，能夠因應手邊的問題。簡而言之，設計電腦的人這麼費盡心思，為的不是避免隨機性，反而是要創造隨機性。

用蒙地卡羅魔法，解決隨機問題

二次大戰期間，美國在新墨西哥州洛斯阿拉莫斯市（Los Alamos）祕密成立一項曼哈頓計畫（Manhattan Project），為的是設計並製造出全世界第一顆原子彈。但一個難題是要算出：需要用掉多少的濃縮鈾，原子彈才會爆炸。而計算出這個重要的臨界值，對於計畫的成敗來說至關重要。如果低估了，製造出來的鈾數量就不夠，原子彈也就沒用了。高估的話問題更嚴重：還沒到引爆的時間點，炸彈會過早爆炸，在不對的地方害死無辜民眾。

而實際的原子彈連鎖反應機制非常複雜：中子導致原子分裂並釋放出能量（根據愛因斯坦著名的公式 $E = mc^2$），回過頭來又創造出更多中子，讓整個過程繼續下去。但連了不起的曼哈頓計畫，也無法從理論上導出臨界值。反之，他們架設了全世界的第一批電腦，靠著真人謹慎處理打孔卡片，完成相關推導。而設計出這些電腦，就是為了模擬中子的隨機連鎖反應和運動。科學家一再、一再地重複模擬，他們越來越能精準感受到，平均來說一顆原子彈裡會有多少中子在發揮作用，又有多少比例會逸散。

到最後，曼哈頓計畫裡的科學家正確地計算出，臨界值約為15公斤，炸彈根據這個估計值製作，也一如預期發揮作用。

這些粗糙簡單的模擬，是這個世界第一次使用蒙地卡羅抽樣法，這種方法中包含重複的隨機化模擬，以逼近太難以直接算出的數量。（「蒙地卡羅」一詞，是隔年由波蘭籍數學家斯塔尼斯拉夫・烏拉姆〔Stanislaw Ulam〕命名，指的是摩納哥一家很有名的賭場。）

原子彈永遠改變了這個世界（儘管不見得變得比較好），而蒙地卡羅抽樣法推動以來，也以其獨有的方式改變了這個世界。如今，利用現代的高速電腦，任何辦公室都可以很輕鬆做到隨機化模擬，通常一眨眼就完成了。科學家、工程師、醫學研究人員和統計學家經常使用，以估計又大又複雜的總數、積分和機率。這種方法在高維度上尤其有用，此時有很多不同的量會彼此交互作用，但又必須同時處理。舉例來說，這類抽樣法可以幫助我們找出涉及各種變數的治療方法、以及從建築物到太空船等各種各樣工程設計的可能效果。以現代科學來說，蒙地卡羅模擬幾乎在每一個領域都是必要工具。

妙廚爭霸戰

瑪喬莉總是烤出最美味的葡萄乾巧克力脆片餅乾。你家的孩子成天往她家跑，希望能分到免費的試吃品。你開始心裡很不是滋味，希望能在廚藝上和瑪喬莉一較高下。但你不知道她

的食譜是什麼，她也不會告訴你。

實驗過幾次之後，你判斷葡萄乾與巧克力脆片之間的比例是關鍵。瑪喬莉放的葡萄跟巧克力脆片一樣多嗎？還是巧克力脆片比葡萄乾多兩倍？或是葡萄乾比巧克力脆片多三倍？只要知道這一點，你有信心可以想出食譜的其他部分，重新奪回孩子們的尊敬。

你慢慢地想出一套計畫。在威脅加上利誘之下，你說服小女兒帶幾片瑪喬莉遠近馳名的點心回來給你。你沒有吃掉餅乾，而是小心地推敲鑽研，好好數一數。

第一片餅乾有11片巧克力脆片和6顆葡萄乾，第二片餅乾有14片巧克力脆片和8顆葡萄乾，第三片餅乾有9片巧克力脆片和4顆葡萄乾。你開始看出模式：每一片餅乾上的巧克力脆片比葡萄乾多了大約兩倍。你的蒙地卡羅實驗，讓你估計出之前自己不知道的比率：每2片巧克力脆片配1顆葡萄乾。

就是這樣了。你很興奮，拿出材料，開始動手。你很小心地計算，總共找來 200 片巧克力脆片，加100顆葡萄乾。你把這兩樣再結合其他材料，烤到完美，然後招待大家。看到你家孩子臉上的笑容，就證明了你的蒙地卡羅實驗大大成功。你滿心驕傲，奪回了家庭地位，瑪喬莉完全不知道為什麼會發生這種事。

最早的蒙地卡羅實驗，或許要算是十八世紀，布豐伯爵（Georges Louis Leclerc, Comte de Buffon）所提出的聰明設計。

他做了布豐投針（Buffon's needle）實驗，找來一張很大張的紙（或者是一大片條紋地板）並畫上線條，再加上一根長度介於兩條相鄰的線之間的針（或是鉛筆），如果你隨機丟出針（或鉛筆），一直等到針不再動為止，針可以碰到任何一條線的機率是多少？讓人意外的答案是，這個機率等於2除以 π。π 是知名又神祕的數學常數，等於圓周和直徑的比率。

這個意外的結果，意味著你可以用針和紙來做蒙地卡羅實驗，以估計出 π。只要投針投很多次就可以。接著，把投針的次數加總起來，然後乘以2，再除以針碰到某一條線的次數。得出的結果應該會很接近 π 的真值，目前用高速電腦算出來的已知 π 真值等於3.14159265⋯⋯

1864年，美國南北戰爭時一位上尉福克斯（O.C. Fox）在戰場上受了傷正在養傷，為了打發時間，他嘗試去做布豐投針實驗。他總共投針投了1,620次，得到三個不同的 π 估計值：3.1780、3.1423和3.1416，結果還不錯。當然，使用現代電腦計算 π 值，會比用針和紙算更有效率，但早期的蒙地卡羅體現了布豐和福克斯的精神。

繼續談下去之前，我也想要提另一種很特別的蒙地卡羅實驗，名為馬可夫鏈蒙地卡羅（Markov chain Monte Carlo）。在這種形式的蒙地卡羅法（剛好是我的研究專長）中，實驗不是每一次都重新開始，不用每次都再投一次針，或是再拿一塊新的餅乾。反之，每次的實驗都會從上一次實驗結束處開始進行。

舉例來說，假設你想要衡量野外一處大型湖泊系統的平均汙

染程度。你可能會划著獨木舟遊湖，這裡划一划、那裡划一划，從一個匯流口到另一個匯流口，從一座湖到另一座湖，走遍整個園區，不預設特定的終點。每五分鐘，你就採集一次湖水樣本，衡量汙染物的數量。而新樣本和前一個樣本之間都只有短短的距離，因此，這都是從前一個樣本結束的地方再繼續下去。同樣的，如果你划了很多天，把很多不同樣本的汙染程度取平均，最後你會得出準確的湖泊系統狀況。事實上，你這麼做就是在運用馬可夫鏈蒙地卡羅演算法。現代電腦程式也運用相同的基本概念，在物理、生物、醫學和社會科學等領域做各式各樣的計算。如果沒有馬可夫鏈蒙地卡羅演算法，就不可能做到。

隨機，所以公平

2003年，加州有一場知名度高、前所未聞的選舉活動，罷免了時任州長葛瑞・戴維斯（Gray Davis），並選出新州長阿諾・史瓦辛格（Arnold Schwarzenegger）。加入這場選舉戰局的人超過百位，其中還包括幾位明星演員，很多人說這一場選戰是「馬戲表演」。

問題之一，是如何印製選票。候選人這麼多，姓名排序很重要。有人主張，傳統的解決方案一向都是根據姓名字母序來列示候選人，對於姓名字母排序比較後面的人不公平。加州選務人員決定改為使用隨機化的字母序。他們在卡片上寫下26個英文字母，從一個旋轉的小罐子裡隨機抽出，得出新的字母序列如下：

R、W、Q、O、J、M、V、A、H、B、S、G、Z、X、N、T、C、I、E、K、U、P、D、Y、F、L。名字以「R」開頭的人運氣好，名字以「L」開頭的人運氣就沒這麼好。但由於這個序列是**隨機**決定的，因此可視為每個人都得到相等的待遇。

隨機性讓決策脫離個人因素，向來能體現公平性。事實上，人們有時候會用丟銅板，來決定真的無法分出勝負的選舉。例如，1970年開始，越戰期間徵召美國年輕人時，就隨機決定366天（包括2月29日）的排序，然後以他們的生日落在哪一天來決定先後。而為了避免排隊的人太多，多倫多國際影展（Toronto International Film Festival）把最初的入場券索取函，全部放進幾個大桶子裡（2004年時總共有43個桶子），隨機決定要先處理哪個箱子的索票要求（2004年，第10號的桶子中選）。老師有時候也會利用隨機性，來決定學生在課堂上的報告順序。很矛盾的是，罹病與遭受恐怖攻擊時，隨機性看來就很不公平。但以決定人類事務的方法來說，隨機可能是我們能找到最公平的機制了。

在運動界，隨機性有時候也可以帶來公平。比如，有時會用丟銅板來決定哪一隊先拿球、延長賽上誰享有主場優勢，或是誰先選秀。每一個人都能接受丟硬幣是公平的解決辦法，但不會有人認為非隨機解決方案（例如，由聯盟主席自己做選擇）有同樣的效果。

1996年亞特蘭大奧運會期間，發生了一件和體育界公平性有關的趣事。提到當年的男子100公尺短跑，加拿大人民可謂印象深刻。那一場比賽由加拿大選手多諾萬・貝利（Donovan

Bailey）拿下金牌，一雪1988年加拿大選手班‧強生（Ben Johnson）未通過藥檢被剔除資格的恥辱。英國運動迷也記得這場100公尺短跑比賽，但原因大不相同：英國老牌田徑明星林福德‧克里斯帝（Linford Christie）被控兩度「起跑犯規」（false start），失去比賽資格，他的運動生涯就在沮喪中劃上句點。（克里斯帝對於被剝奪參賽資格感到十分難過，甚至在田徑場上留了一到兩分鐘，拒絕離開。）

深入調查後揭開了一些可疑的細節。事實上，克里斯帝並未在聽到槍響**之前**衝出起跑線（這是傳統意義上的「起跑犯規」），他犯的錯是他在槍響**之後**不到0.1秒之內就起跑。奧會官方之前已經判定，任何人的反應時間都不可能少於0.1秒。因此，任何在0.1秒內起跑的人，一定是「預測到」了起跑槍響，而這種預判違反規定。因為會能預測，通常是跑者晚就定位導致比賽延遲，並掌控了起跑槍響的時間點，讓賽事有利於己。克里斯帝在鳴槍後0.086秒內就起跑了。但克里斯帝的支持者主張，如果奧運的重點是要推進人類的體能極限，那有沒有可能，某個地方的某個人在某一天，有辦法在0.1秒內就有反應？有沒有這個可能性？

在此同時，體育組織（尤其是國際田徑聯合會〔International Association of Athletics Federations〕）堅持，為了防範「預測問題」，0.1秒的規定有其必要。因此，難題仍未得解：如何預防跑者預測起跑槍聲、但同時又不會因為他們的反應時間快到不得了，而懲罰他們？

對機率學家來說，解決方案很簡單：設計出一套可以隨機選擇鳴槍時機的機械裝置即可。裁判可以等到所有跑者都準備就緒，然後啟動裝置。到了這個時候，裝置會發出一聲鳴響（告訴大家裝置已經啟動），然後，起跑槍會隨機等待一段時間（假設介於兩秒到六秒之間），然後自動鳴槍。（更好的辦法，是利用指數分配〔exponential distribution〕選定隨機等待的時間是多長，這是一種完全不可能預測到的隨機性。）用這種辦法，任何人都無望預測到（隨機的）起跑時間點。預測問題就這樣解決了，也就完全不需要0.1秒的規定。當然，在槍響之前起跑仍是起跑犯規，但在槍響之後任何時間內起跑，就算只過了0.086秒，都完全符合規定。遺憾的是，奧運官方並未向機率學家徵詢建議，目前還有0.1秒的規定。

在無法控制隨機性的競賽中，確定隨機性平均影響到每一個人是眾人樂見的局面。在風帆比賽中，風的方向和速度是重大且不可預測的因素，但如果所有隊伍同時出賽（而不是依序），至少每一個人都要面對相同的條件。在複式橋牌（相對於盤式橋牌〔rubber bridge〕）中，每個人都打一模一樣的牌，因此任何搭檔都不會只是因為運氣好和拿到更多A而得到好處。紙牌和之前一樣隨機，但隨機性平均套用到每一個人身上，創造出完全的公平性。

在不可能明確劃分成本和利益的情境中，也可以善用隨機性來公平分攤。所羅門王（King Solomon）的故事，講述了把寶寶剖半、來解決監護權爭議的荒謬。話說回來，用擲硬幣決定誰可

以得到寶寶，至少是可行的解決方案。（但仍算不上好主意就是了！）如果情況不是那麼極端，丟銅板通常是很棒的化解之道。

同事聚餐，誰該付錢？

　　午餐很棒，但服務生的速度很慢，現在你們快遲到了。帳單終於姍姍來遲，總共17.76美元，你和同事都認為，加上小費湊個20美元整數好了。你們同意平分費用，每個人出10美元，唯一的問題是，你們兩個手上都只有一張20美元紙鈔。

　　你試著請餐廳換零錢，但服務生太忙，根本顧不到你。現在你火燒眉毛了，十分鐘內你要進辦公室開會。

　　你想這一次就讓你請，同事下一次再回請。可惜的是，你同事即將前往南極赴任，這一去就是五年。因此，有好一陣子都不會有「下一次」聚聚這種事了

　　這時你想到一個點子，你提議丟銅板：人頭的話，就由你付這20美元，字的話，就讓你同事付。同事答應了，這很公平，你也及時趕上會議。

　　下一次，當你跟一群人吃飯，試試看用隨機性和丟銅板來分攤飯錢，而不要等著換零錢。如果運用得當，這是隨機性和不確定性有時候可以給你一點益處的例子。

13
演化、基因和病毒危機
生物中的隨機性

　　人類的存在，絕對是太陽系裡最了不起的事實。物質在幾十億年期間遵循基本的物理法則，從簡單的化學物質，演變成活生生的細胞，再演變成遠古時代的魚類和爬蟲類、大型哺乳類、靈長類，最後才演化成先進、有智慧的（大多數時候啦）人類。這很讓人難以理解。但少了演化這項神奇的過程，我們今天就不會在這裡了。

　　要有基因突變與重組，才會有演化。在演化之下，生物孕育出一代一代稍有不同的後代，接著，透過物競天擇、有時也稱為適者生存的過程，最適合生存的後代活了下來，並複製自己，創造出更多類似的生物。千百萬年下來，發展出新物種或亞種。

　　突變和重組在每一代創造出必要的多樣性後代，這基本上是**隨機化**的過程。隨機性創造出各式各樣可能的後代，這些後代說不定能生存下來而且生生不息，或者（更常見的是）敗下陣來、

然後死去消失。

然而，複製基因時如果隨機性不足，會導致物種發展停滯不前，無法演化。另一方面，隨機性如果過了頭，則有礙物種穩定發展。因此，物種要能成功演化並欣欣向榮，隨機的程度必須恰到好處。人類很幸運，剛好碰到的就是這種情況，讓我們得以從身為宇宙中的小基石開始，非常緩慢地演化。

不過，出現這種情況的機率有多高？人類的DNA裡約有30億對化學鹼基對（chemical-base pair），每一個鹼基對中可以為四種不同類型當中的一種（標注為A、C、T和G型），算下來，可能的DNA股（DNA strand）數目就是4自乘30億次方。要寫出這個數目，大約是1後面跟著18億個零。這個數字很大，完全超乎人的理解能力。人類的某些DNA鹼基對是多餘的，可以是任何類型，完全不造成任何影響。其他鹼基對則會因人而異，因此可以區分出不同的人類個體。然而，這些鹼基中有很大一部分都必須「就是這樣」，才能創造出人類這種生物，只要出現任何錯誤，我們就無法變成一個人。

完全的隨機突變，最後創造出大量可能的DNA股。但非常令人驚訝的是，即使過了幾十億年，也不太可能全憑隨機創造出人類的基因。那麼。人類到底是如何發展到今天這個局面的？

物競天擇的過程給了我們的答案。這個過程確保適應力沒這麼強的後代，無法存活下來並繼續繁衍。因此，活下來的後代就會適應力更好、比較進步、更能存活而且強健有力。以實際情況來說，這表示，活下來的後代都比較聰明、更能因應環境，也比

較奸巧，簡而言之，比較像人類。

　　來看早期的原始生命型態，例如阿米巴蟲，牠們會一再一再地繁殖。大數法則確保長期來說，平均而言，這種生命型態每一代都會比前一代更進步一點。自然，早期世代仍然還是很像阿米巴蟲，要經過一段很長的時間，才會出現有意思的變化。然而，歷經幾十億年、傳承了千百萬個世代，這條長長的隊伍幾乎必然會朝向人類（或是其他更巧妙精緻的智慧生命型態）的方向前進。在某個時候，更高階的生命（比方說人類）就出現了。

　　所以，從某方面來說，人類之所以能統治地球，其中的道理和賭場能賺大錢是一樣的。在這兩件事裡，勝率都稍微偏向人類（或賭場）。也因此，兩者長期必然能繁榮興盛。（當然，關於**第一個**自我複製的生命型態如何出現在地球上，又是另一個問題了。但一旦生命出現，接下來就換物競天擇發揮作用。）

　　很多領域裡也有類似演化的流程，比方說，讓我們來看看飲食和料理。多年下來，不同風格的食物有些會很受歡迎，有些則不然。有人創造出新的食物、或是把新東西帶進社會中，有時候會流行起來，有時候則不行。這是另一種型態的「適者生存」，如果大家喜歡吃，那就表示這種食物是「適者」。甚至有人相信，很多新的食物一開始都是因為意外才創造出來。有些人將一種食物拿去沾另一種，發現意外的組合讓人驚豔。同樣的，隨機性有助於創造新的契機（不管是就物種還是實務而言），得到機會之後，就要經歷適不適合留存下來的檢驗。少了隨機性，料理就比較難以進步，也沒那麼多元，和物種一樣。

孩子的眼睛，會是什麼顏色？

「有其父必有其子」很簡單地表達出，基因資訊由親傳子的事實。要預測一個孩子會長的像誰是很複雜的事，因為不同的基因再加上不一樣的組合都會造成影響，得出不同的特質。此外，孩子的特徵與能力某種程度上也會受到環境形塑，而不是光以基因決定。同樣的，孩子會分到哪些**特定**基因，基本規則很簡單，完全是以機率為依歸。

人的基因是一對一對的（有些例外）。舉例來說，基本上有一對基因會掌控你的眼球顏色是淺色（藍色、綠色、淡褐色或灰色），還是深色（不同濃淡的棕色或黑色）。（最近有證據指出，眼睛顏色這件事其實更為複雜，影響眼球顏色是深是淡的基因不只一對。但以現在來說，且讓我們假設僅有一對基因。）

如果一個人的基因對是淺色加淺色，那他的眼睛就會是淺色。假如他的基因對是深色加深色，那麼，他的眼睛就是深色。但假設此人有的是一對淺色加深色的混合基因對，那他的眼睛就會是深色，因為深色基因是顯性基因，淺色基因是隱性基因。

如果你在街上看到淺色眼睛的人，你可以確定他的基因有一對淺色眼睛基因。但如果你看到的是有深色眼睛的人，他很可能是純粹的深色加深色基因，也有可能是淺色加深色的混合基因對，無法得知是哪一種。

基因如何傳給小孩？很簡單：小孩從父母身上各取一個基因，而且，小孩從父母各自擁有的兩個基因當中選中任何一個的

機率都相等，總共四種組合，出現的機率也完全相同。比方說，如果父母各自都有一對淺色加深色的基因，那孩子有四分之一的機會得到淺色加淺色的基因對、四分之一的機會是深色加深色、四分之二的機會是淺色加深色。我們可以用龐氏方格（Punnett square）來表示這樣的模式：

		母親的基因：	
		淺色	深色
父親的基因：	淺色	淺色加淺色	淺色加深色
	深色	淺色加深色	深色加深色

假設現在兩個眼睛都是淺色的人生了一個孩子。由於這兩個人都是淺色眼睛，因此，他們一定各自擁有一對淺色加淺色的基因對。他們的孩子別無選擇，只能從父母身上各取一個淺色基因。這樣一來，孩子也必然擁有一對淺色加淺色的基因對，所以眼睛也是淺色。在這個範例中，如果雙親都是淺色眼睛，那小孩也會是。

另一方面，假設有著淺色眼睛的母親和深色眼睛的父親生了小孩，母親的基因對必然是淺色加淺色，父親則有可能是淺色加深色或是深色加深色。如果父親的基因對是深色加深色，那這個小孩也別無選擇：他會從媽媽那裡得到一個淺色基因，從爸爸那裡得到一個深色基因，到最後他傳承到的就是一對淺色加深色的

基因對，眼睛也因此是深色的。另一方面，如果父親的基因對是淺色加深色，這孩子有一半的機率會從父親那裡得到淺色基因，最後組合出淺色加淺色的基因對，從而有著淺色的眼睛。因此，如果父母之一是淺色眼睛，另外一位是深色眼睛，這孩子有淺色眼睛的機率為零到二分之一之間，至少有二分之一的機率會有一雙深色的眼睛。

最後，假設兩個深色眼睛的人生了孩子。在這種情形下，父母各自有可能是深色加深色、或淺色加深色，我們無法得知是哪一種。如果其中有一方是深色加深色，那這孩子一定至少會選到一個深色基因，所以會有一對深色的眼睛。但如果父母兩方都是淺色加深色的組合，那麼，這孩子有四分之一的機率會從父母身上都選到淺色基因。所以說，如果父母都是深色眼睛，那他們的孩子有至多四分之一的機率會有淺色眼睛，至少四分之三的機率會是深色眼睛。

因此，要釐清家族的基因，需要一點推理。以我為例，我的眼睛是棕色的（深色），我的父親和母親也一樣。所以，光憑這一點來看，我的父母很可能各自是淺色加深色，或深色加深色。

另一方面，我有一個兄弟的眼睛是淡褐色（淺色）的，那麼，他一定有一對淺色加淺色的基因，什麼樣的組合才會出現這種可能性？唯一的解釋只有我的父母各有一對淺色加深色基因，我的兄弟剛好從父母身上各得到一個淺色基因。現在，每一片拼圖都回到適當的位置上，一切都明白了。

由於我的父母各有一對淺色加深色基因對，這表示，他們每

一個小孩都有四分之一的機率遺傳到淺色加淺色的基因對，擁有一雙淺色的眼睛。（現實中，他們的三個小孩中有一個是淺色眼睛，這算起來也差不多。）孩子也有四分之一的機率遺傳到深色加深色的基因對，並有四分之一加四分之一（等於二分之一）的機率會得到一對淺色加深色基因（因為孩子可能會從母親身上得到淺色基因、從父親身上得到深色基因，或者剛好相反）。

那我的情況呢？我的眼睛是棕色（深色），我知道我並沒有淺色加淺色的基因對。我可能是淺色加深色，或者深色加深色。淺色加深色組合的機率高了兩倍，因為我可以用兩種方式得到這種組合（從我母親那裡得到淺色基因、並從父親那裡得到深色基因，或是剛好相反）。這樣一來，我就有三分之二的機率會擁有一對淺色加深色的基因，三分之一的機率有一對深色加深色的基因，但我不知道實際上我是哪一種。

這一切非常複雜。但無論是追蹤決定眼睛顏色的基因，還是其他比較複雜的特徵，例如疾病或畸形，要能預測和理解，全都是在計算機率而已。

再見，藍色的眼睛

你看到她從吧台那一端盯著你看。那一雙充滿磁性的藍色眼睛讓你呆住了。跳了一夜的舞，喝了幾杯酒，你完全招架不住，墜入愛河了。

「我們結婚吧。」她喘著氣，在豪飲干邑白蘭地和熱情的

親吻之間，擠出了這句話，「我們要生六個小孩，各個漂亮得很，就像我一樣！」聽起來超動人。一群雙眼都是淺藍色的小傢伙，必會讓全世界為之瘋狂。擁有這樣的魅力、這樣的美貌，你的孩子沒有什麼辦不到的！

但你想起一件事。你的眼睛是棕色的，和整個大家族裡的每一個人一樣，而且好幾代以來都是這樣。基本上你很確定，你身上沒有任何淺色眼睛的基因。而且，深色眼睛是顯性基因，你的孩子也必然都是深色眼睛。你可能有一天會生到有著藍色眼睛的孫輩，但以你的孩子來說，不管是水藍色還是天藍色，都不可能看得到藍色眼睛。

「抱歉了，甜心。」你冷冷地說，「恐怕不行，我們兩個行不通的。」你心碎地離開她，拖著腳步走回家，睡一覺把這一切都忘了。

病毒很聰明，懂得大數法則

大家都很擔心病毒感染。從最新的流感，到流竄全世界的愛滋，病毒會引發大量的痛苦、磨難與死亡。新病毒的起源某種程度來說很神祕，很可能牽涉到基因突變，或是動物傳播，甚至有可能是實驗室的實驗外洩。一旦染上病毒，重點就變成傳播範圍會有多廣，以及會有多少人被感染。研究疾病傳播的流行病學，本質上就是和機率相關的研究。

一旦人染上病毒，最後要不然就治癒，要不然就是因病而死。從病患的觀點來看，康復和死亡是兩個相反的極端，但從病毒的觀點來看，這兩種可能的結果其實殊途同歸。不管是哪一種，那個人都不再具感染力，因此不能再感染別人。如果病毒要存活下去，就必須轉向其他宿主。

所以說，從病毒的觀點來看，好好活下去的唯一方法，就是繼續去感染其他人。每一次又有人被感染，病毒的宿主數目就再加一。而每一次被感染的人康復或死亡，病毒的宿主數目就減一。（機率學家把這樣的系統稱為「分支過程」〔branching process〕。我們可以將其想成一棵樹，而每一支樹枝再長出來的樹枝，都指向它們感染的人。）這是病毒永無休止的戰爭：想辦法讓被感染的人不斷增加，並讓康復的人數減少。

病毒很聰明，它們懂得大數法則。它們知道，長期下來，唯一重要的問題是：病毒宿主的數目平均來說是增加還是減少。唯有平均被感染的人數增加，病毒才能興旺。

病毒要如何確保這一點？簡單。病毒必須確定，平均而言，每一個被感染的人在康復或死亡之前，能回過頭來再感染一個人以上。（如果說上帝叫人類「多多繁衍生息」，顯然祂也是這麼指示病毒。）而病毒可以快速傳播還是會死絕，追根究柢要問一個很簡單的問題：這種病毒的傳染數（平均每一個帶病毒的人再去感染他人的人數），是大於一還是小於一？

把話傳出去！

你剛剛聽說你的兄弟路易今晚要進城來，你同意和他共進晚餐。真是太讓人開心了！你要把全家族的人都一起叫過來，包括那些表親、姻親還有你的祖父母，他們都很想見見路易。

你對兒子說，「嘿，比利，路易叔叔今天晚上要過來吃飯，歡迎大家一起來。把話傳出去！」

懶鬼比利晃了出去，碰到你女兒蘇。他開口說，「蘇，跟大家說今天晚上過來和路易叔叔一起吃飯。」比利到處走走，看看還會不會碰到其他人。但他很快就看到一隻蠑螈衝過樹叢，於是跑去抓，完全忘記之前被交付的任務。

在此同時，蘇正要去圖書館，根本沒多想晚餐或是可憐的路易叔叔。她誰也沒說。

晚餐時間終於到了。你期待有一群人會來迎接你親愛的兄弟，卻發現除了你兩個孩子之外就沒別人了。看起來，路易要過來這件事並沒有傳太遠。比利只對一個人說，蘇誰也沒說，平均每個人傳給了半個人。半個人還不到一，因此這個消息很快就無聲無息了。

說到傳播傳染病，所有人都變成共同體。你會不會得病，不僅看你有多容易被感染，也要看你身邊所有人有多容易被感染。比方說，你很可能認真想要避免感冒，執行勤洗手、盡量減少與他人的接觸，以及避免接觸到欄杆和門把等共用物品、避免觸摸

自己的眼睛或嘴巴、睡眠充足等種種方法。這種由自身做起的防疫工作，可能會稍微影響你被傳染的機率。另一方面，如果你社區裡的每一個人都遵循這些做法，愈少鄰居生病，你就會得到愈好的保護。如果全世界每個人都這麼小心，平均來說，每一個被感染的人再去感染他人的人數就會小於一，病毒很快就會消亡，很多人也就能免於染病帶來的不適與不便了。

就因為你**身邊**的人都受到保護，因此你也能得到保護、免於致病，這種現象有時稱之為「群體免疫」，群體免疫在防範疾病傳染上極具威力。但群體免疫的概念偶爾也會誤導人們，讓他們不智地減少防衛。有一個悲劇性的範例是愛滋病的傳播，很多人假設自己並不需要以安全的方式從事性行為，因為他們的性伴侶「一定非常安全」。這種過度仰賴群體免疫的想法，在全世界造成非常嚴重的後果。

疫苗也有類似的問題。如果疫苗的效果很好、而且每個人也都接種疫苗，那疾病很快就會消亡。然而，如果你身邊的每個人都接種了疫苗，這種疾病**反正**也幾乎必會消亡。畢竟，就算在最好的情況下，接種疫苗都是很麻煩的事。如果是最糟糕的情況，還可能讓人疼痛或者引發傷害，導致有人想要別人去接種疫苗就好，自己躲掉麻煩。

英國政府曾經要求所有孩童都要接種麻疹、腮腺炎及德國麻疹混合疫苗（measles, mumps, and rubella，MMR），引爆了嚴重的疫苗爭議。一個由安德魯・韋克菲爾德醫師（Dr. Andrew Wakefield）領軍的醫療研究團隊，1998年在《The Lancet》發表

一篇論文，宣稱這種疫苗會助長自閉症。他們的中心論點是，有八名孩童在接種疫苗幾天之後，出現了自閉症的症狀。有些家長就因為這樣不讓孩子接種疫苗，其他人則指控這些人很自私，要沾群體免疫的好處，破壞了疫苗接種方案的整體成效。有人開始施壓，要求分開接種三種不同的疫苗（每一種各自針對麻疹、腮腺炎和德國麻疹），讓家長可以選擇接種他們想要的疫苗。但政府拒絕，主張出於公共衛生的理由，所有孩子都應該接種包含三種成分的疫苗。而首相布萊爾拒絕揭露他的兒子有沒有接種MMR疫苗，更無助於化解爭端。

後續研究並未證實MMR疫苗和自閉症之間有任何關聯，大部分研究人員都相信MMR疫苗非常安全。但在1998年登出這篇論文之後的幾年，英國有近兩成的家長不讓小孩接種疫苗，引發人們恐懼，擔心這幾種病會廣為流傳。確實，有一些證據指出，英國的麻疹病例近年來有增加。MMR危機是很難解的情境，在這當中是個人自由對上了群體免疫、父母之愛對上了對醫學專業的信任，以及個人的謹慎行事對上了集體公益。

而控制疾病最極端的方法，是把受感染的人完全和其他人分開。這種方法應用到很多疾病上，從麻瘋病到腺鼠疫（在卡繆的書《鼠疫》〔La Peste〕裡大力描寫了此種疾病），再到2003年在中國、多倫多以及其他地方爆發的SARS。這種隔離方法是預防還沒有被感染到的人遭受感染。如果成功，新感染病例最後終將降至零，從而終結疾病。

的確，適當的預防措施與接種疫苗，可大大降低疾病的威

脅。但如果出現的新病毒傳染力極強、而且致死率極高，很可能在極短時間內奪去大量的人命，這也是事實。比方說，達斯汀‧霍夫曼（Dustin Hoffman）的電影《危機總動員》（*Outbreak*）裡誇張演出的那一種。十四世紀的腺鼠疫就是這樣（這場疫病在五年內奪走了 2,500 萬條人命）。1918 年到 1919 年的流感大流行也是這樣（這場疫病在短短一年內奪走了 2,500 萬條人命）。而我們每個人都知道，這種事還可能再度出現。

愈傳愈多，愈傳愈多……

不是只有病毒整天都在想著要擴充數目、壯大群體，人類也面對相同的挑戰。比如，每個人會在死亡之前留下某個數量的子女，這個數字可能是零，可能是一，可能是二，也可能是其他數字。那長期來說，人口會增加還是減少？由於要生小孩需要父母二人，因此問題就是，平均來說，一個人生出來的小孩是多於還是少於兩個。如果一個人生的小孩多於兩個，那麼，人口就會成長。少於兩個，就會減少。假如每一位婦女平均都僅生兩個孩子，那麼，長期來說，人口數量不會改變。（聯合國定義的人口替代率〔replacement rate〕是每一名婦女生 2.1 個小孩，多出來的 0.1 是考量未成年便過世的女性。）

答案是，人口正在增加當中。確實，以全世界來說，每位婦女在一生中平均約生 2.65 個孩子。這個總生育率（total fertility rate）比 2 高很多，這也解釋了為何全球人口大幅成長，從 1950

年的26億來到現今的63億。（如今，聯合國預期總生育率最後會下降到等於人口替代率，因此，全世界的人口會在接近2300年時穩定在約90億人。三百年內我們就會知道他們對不對。）

另一方面，很多國家（尤其是工業化國家）的總生育率低了很多。根據《中情局世界概況》（*CIA World Factbook*），加拿大婦女的平均生育率為1.61個小孩，英國為1.66，澳洲為1.76，法國為1.85。這些國家都需要移民，才能維持國內人口長期下來不要減少。在美國，每位婦女生2.07個小孩，很接近不需要移民就能維持總人口的比率（但美國也接納很多移民就是了）。不管是哪一種，人口成長涉及的數學原理，都和病毒傳播疾病一樣。

除了病毒與人類之外，所有動、植物物種也會自我複製，群體同樣會增加或減少，端看其平均繁殖率。但相似之處不只有這些地方。電腦病毒也會自我複製（就是因為這樣，才會在一開始用病毒二字命名）。電腦病毒就像活生生的病毒一樣，如果要繼續為非作歹下去，平均來說，就需要傳給一個以上的接收對象。電腦病毒謹記這一點：電腦病毒程式設定成會積極主動搜尋電子郵件通訊錄，發出夾帶病毒的信件給每一個找得到的電子郵件地址。利用這種方式，就算僅有一小群電腦用戶笨到去執行病毒程式（通常是不智地點開電子郵件的附件），這一小群人也可以讓病毒郵件被轉發給很多人。平均來說，每一次被感染的新用戶都會超過一個。

連鎖信也會自我複製：這種信是企圖把訊息複製，再傳送給下一位宿主，然後又重啟另一個循環。一如病毒，連鎖信也奉行

大數法則。如果平均而言每位接收者轉發超過一次，連鎖信就能生生不息。但要是接收者平均轉發不到一次，這封信很快就會消亡。就是因為這個理由，多數連鎖信才會要求你轉發五次、八次或十次。因為如果他們要求的轉發次數太多，這項任務的負擔就太大，基本上沒有人會遵循。另一方面，若要求的轉發次數太少，就算回應率相當高，也不足以讓信傳下去。舉例來說，假設一封連鎖信要求收到的人轉發兩次，有三分之一的收件人會遵行要求，這樣一來，每一位收件人平均只會轉發三分之二次。三分之二小於一，這封信很快就會消亡。或者，換一個比較極端的例子，假設一封連鎖信只要求收到的人再轉發一次。就算多數人照做、只有少數收件人置之不理，平均每位收件人轉發的次數仍小於一，這封信就無法繼續傳下去。我很願意打賭，在你的一生中，絕對不會收到一封僅要求你轉發一次的連鎖信。

2004年美國總統大選前一夜，共和黨以小布希的名義發出一封大宗郵件，敦促支持者隔天要出來投票。共和黨人知道，他們的連鎖信要能成功，平均來說就必須轉發超過一次。如果他們僅要求每個人再傳出一到兩份，考慮到很多收件人不會跟著做，那這封信很快就石沉大海了。共和黨要求每個人轉傳五次，創造出一封在選前幾個小時能活下去、而且傳得如火如荼的連鎖信。

就算是靠口耳相傳的消息，也遵行大數法則。有一則很舊的電視廣告主角是一名女士，她對自己選擇的洗髮精很滿意，於是對兩位朋友說起這件事，這兩位朋友又各自告訴兩位朋友，「就這樣一傳十、十傳百。」我不記得他們廣告的洗髮精是哪一個品

牌（我也從來不覺得有必要對別人大聲說我使用哪一種頭髮護理產品），但這則廣告確實點出，就連鄰里間的閒話，也都是透過自我複製來傳播。如果閒話夠有趣，平均來說，每一個聽到的人會把話重複給一個以上的人聽，那麼，這段閒話就會快速傳出去。如果不是，就會慢慢無聲無息。由於二大於一，因此，關於該牌洗髮精的好話一定會一個朋友傳一個，愈傳愈多，永不止息。

從演化到基因，從病毒到連鎖信，自我複製證明了一點點隨機性，就可以走得很長遠。在幾條簡單的規則與很高的機率之下，可以極有效率地發展出新物種與傳播資訊。

14

狡猾的蒙提霍爾
從線索中找機率

　　在日常生活中，我們時時刻刻都在評估各式各樣的機率。像是：如果穿越馬路，喪命的機率有多高？學校考試及格的機率？夢中情人對我也有好感的機率？

　　有時候我們會得到額外的資訊，致使自己重新評估機率。例如，在報上讀到某一條街的交通事故特別多，聽到班上的導師分數打得很嚴，看到夢中情人對我們抱以微笑。每一項新資訊，都會讓我們馬上重新思考之前估算過的機率：這條路可能比我想像中更危險，我考試不可能會及格，或許她根本就很喜歡我。

　　可惜的是，我們不一定能正確重新評估出機率。舉例來說，假設你居住的古雅小鎮受到了極大的衝擊：過了多年的平靜生活之後，鎮上忽然冒出一連串的謀殺案。警察發現有5個瘋狂殺人犯在鎮裡流竄。進一步調查之後，出現了新的細節：在這5名在逃的殺人犯當中，有4個都留鬍子。而這個有1萬名居民的小鎮

裡，有400個留著鬍子的男人。「小心留鬍子的男人！」報紙的標題聲嘶力竭地大喊。你一向對留鬍子的男人懷有戒心，這一次總算是確認了：留鬍子的男人都很危險！

你試著保持冷靜，繼續每天的例行公事。隔天晚上，你走在那條陰暗、偏僻的回家之路上，你聽到後方有聲音。後面有人！你的心跳加快了一點。在絕望之餘，你想起了你的機率觀點。這個小鎮有1萬人，其中僅有5人是謀殺犯。這個隨機跟在你後面的人是謀殺犯的機率，是1萬人中有5人，那就是0.05%。你放鬆了一點。但接著你經過路燈，好好看了一下這個人。你看到他留著鬍子，你完全嚇呆了。現在你真的完蛋了。5個謀殺犯裡有4個都留鬍子，這個鬍子男是謀殺犯的機率就是5個裡面的那4個，也就是80%，這樣對嗎？

不，不對。如果城裡總共有400個留鬍子的男人，其中有4人是謀殺犯，那麼，隨機選出一個有鬍子的男人、又是謀殺犯的機率，僅是400人中有4人，那就是1%，這比你原本預估的機率80%要低很多。所以，是的，蓄鬍確實讓他是謀殺犯的機率變高了。但這只是把機率從0.05%變成1%，還是很微小的機率。

這個例子，代表了我們在評估由很多個人組成的群體時，不時會出現誤判。想一想，我們有多常因為看到某些特定種族、族裔、國籍、宗教或性別群體中的成員，表現出某種特質（不管正面或負面），馬上就假設這個群體中的多數人都有同樣的特質。

在前面這個例子中，看到一個神祕陌生人而且留著鬍子，確實會改變他是殺人犯的機率，但改變幅度不會這麼大。因此，問

題是，得到新證據之後，你要如何調整原本估計的機率，幅度又有多大？而根據新的證據、重新評估機率這一門科學，叫做條件機率。它通常很微妙、不直觀，但許多情境下都有條件機率的身影。

我的狼瘡恐懼症

我曾經在涉及個人隱私與非常緊張的狀態之下，必須去計算條件機率。在我活潑健康的二十五歲那年，我去做了一次例行但完整的身體檢查。一個星期之後，我收到院方寄來的信，信裡只有三句話，是這麼說的：「狼瘡檢測結果指向您有可能罹病，但在正常母體中約有5%的人會被檢測出陽性。請聯繫本院以安排回診。」我非常震驚。在這一刻之前，我一向理所當然地認為我是很健康的人。

我等三天才等到回診。之後，院方告知我，醫生能把我的血液拿去做DNA導向的更縝密分析，以判斷我是不是真的罹患了狼瘡。問題是，他們可能抽不出時間去做檢測，得等上好幾個星期。

我嚇壞了，而且我得想辦法處理我的焦慮。我轉向機率理論。我必須知道，我是那5%健康無虞、卻被驗出陽性反應的正常人，還是說，我是那接近1%的狼瘡患者？

我認為這是條件機率的問題。問題是，在知道狼瘡檢測是陽性的情況下，我真的罹患狼瘡的條件機率是多少？

這樣講的話，答案就很簡單了。母體人口中被檢測出狼瘡陽性、而且也真的患有狼瘡的總比例為1%，有5%的人沒有狼瘡、但檢測結果仍為陽性，這樣加起來就是6%。但人口中僅有1%真的有狼瘡，因此在檢測結果是陽性的情況下，我得到狼瘡的條件機率等於1%除以6%，那是1/6，約為17%。

這個機率不算太高。當然，即使患上狼瘡惡疾的機率只有17%我也不願意。但17%比100%好太多了，足以把我全副的驚恐轉化成沉重的恐懼與憂心，算是一大進展。

後來我接到醫師傳來的電話留言，說DNA導向的檢測結果已經出來，是陰性的，我沒有狼瘡。在此同時，機率理論也幫助我應付了極為艱難的處境。

人們搞不清楚條件機率，這種事常可以看到。舉例來說，蜜拉·葛德堡（Myla Goldberg）的小說《蜂王季》（Bee Season）就寫到一場拼字比賽裡有151位參賽者，編號從1到151。1號參賽者的母親希望分到的是二位數的編號，因為多數年頭贏得比賽的都是編號二位數的參賽者。當然，在這個範例中，每一個編號勝出的機率都一樣。但二位數編號的參賽者有90位（所有編號從10號到99號的都是），編號為二位數參賽者勝出的機率是90/151，算起來是59.6%。然而，就算你的編號是二位數，而且很確定贏得比賽的是編號二位數的人，你獲勝的機率也僅有1/90，換算下來是1.1%。因此，你贏得比賽的整體機率，是編號二位數參賽者贏得機率的90/151、**乘以**如果是二位數編號者

贏、而這個人又是你的機率1/90，得出的答案也就是1/151，和其他參賽者都一樣。

另一個範例是空難事件和汽車車禍的比較。我們都知道，死於汽車車禍的人，遠高過死於空難的人。因此，就算考量到開車乘車的人數多於搭飛機的人，搭飛機出門還是比開車出門安全得多。然而，除了死亡車禍之外，也有很多無人死亡的車禍，但多數空難事件都會導致機上大部分的乘客喪命。這個意思是，如果整體的目標是要避免死亡，搭飛機比開車安全。假如你不知為何就是知道自己會碰上意外事件，那麼，遇到車禍會比碰上空難安全。換言之，飛機比汽車安全（空難導致的死亡人數較少），但飛機失事比汽車出事危險。這就是對你而言的條件機率。

兇手、紙牌與比例原則

我們常會遇到，從事前來看，兩種情形發生的機率相等。但之後獲得新資訊，使得其中一個事件的機率高過另一個。舉例來說，假設你要等著洗澡，你妹妹已經在浴室裡待了十五分鐘。你覺得怒氣在血液裡沸騰，你對妹妹的厭惡不斷上升當中（一開始本來就不小了）。但有一個問題，你有兩個妹妹，艾莉絲和布蘭達，你不確定現在正在洗澡的是誰。這不是好事。如果你要痛恨某個妹妹，至少要知道要恨誰吧。

假設兩個妹妹的房門都關著，你不能大叫，因為另一個妹妹（不管是哪一個）很可能在睡覺。簡而言之，你沒有證據可以證

明浴室裡面的是哪一個妹妹。因此，說起是誰毀了你的早晨，你認為艾莉絲或布蘭達是兇手的機率相等。

接著，你聽到一陣聲音蓋過水流聲，聽起來像是一段旋律，你發現，是浴室裡那個人在唱歌，她的愉快讓你更加火大。但就在此時，你想到了一個主意。你或許可以根據這項新資訊（歌聲）來更新你的機率，更進一步確認哪一個妹妹該承受你的怒氣。你知道艾莉絲愛唱歌，她在洗澡時幾乎總是會唱歌。反之，布蘭達就沒這麼愛，她可能只有四分之一的時間會在洗澡時唱歌。因此，當你聽到歌聲，你就在想浴室裡面的人比較可能是艾莉絲，不太會是布蘭達。

但機率高了多少？你又再想了一想。如果艾莉絲唱歌的機率比布蘭達高了四倍，那麼，這個洗澡時唱歌的人是艾莉絲的機率，必然比是布蘭達的機率高了四倍。啊哈，於是你宣判了。現在，艾莉絲與布蘭達的比率為四比一，因此，你有五分之四的機率應該對艾莉絲發脾氣，只有五分之一的機率應該對布蘭達發脾氣。現在，你內心浮現的想法就是，要怎麼好好整一整艾莉絲。

這個範例闡述了一個很重要的概念，我稱之為比例原則（proportionality principle），是貝氏定理的一種特殊狀況。如果一開始每種機率（比方說是艾莉絲還是布蘭達在浴室裡）相等，當新證據出現（例如歌聲），你就應該根據相應的機率，來修正最初的判斷，形成新的機率（在這個範例裡，是依據艾莉絲與布蘭達唱歌的機率）。

一旦我們理解這項原則，就能輕鬆應用。舉例來說，假設有

一個號稱快手查理的狡猾行家大聲么喝：「嘿，先生，往前一步，來玩三張紙牌大驚奇。」你小心翼翼往前靠過去，他繼續說了：「看好這三張牌了，有一張是兩面都紅色，有一張是兩面都黑色，有一張是一面黑色一面紅色，對吧？」你同意，於是他接著說下去：「現在，把這三張牌丟進這個大袋子裡，混一混。隨便挑一張，把紙牌平放在桌上，哪一面向上都可以。」

你遲疑了一下，伸手攪了攪袋子裡的紙牌，抽出一張，默默地放在他前面。你看到的這一面是亮紅色。「這一面是紅色，對吧？」查理說，「我猜你沒拿到兩面都是黑色的紙牌，沒錯吧？你拿到的要不然就是兩面都紅的，要不然就是一黑一紅的牌。而另一面是黑色或是紅色的機率，一定是一半一半，是吧？」

查理看起來想要賭一把的樣子，你有點害怕。但你很快地想起機率觀點。原本這三張紙牌中選的機率都相同，你現在的新證據是隨機選出來的紙牌有一面是紅色的。啊哈，這是條件機率。

你決定使用比例原則。你推論，如果你選的是兩面都是紅色的紙牌，那麼，隨機選出的那一面一定也會是紅色的。如果你選的是一面黑一面紅的紙牌，那麼，隨機選出的那一面只有一半的機率會是紅色的。由於兩面都是紅色的紙牌出現紅色那一面的機率，要比一紅一黑的紙牌高，那麼，現在你選中兩面都是紅色的紙牌的機率，就變成二比一，這麼一來，這張另一邊是紅色的機率就是三分之二。

「抱歉，查理。」你回答，「這個機率不是一半一半，另一邊是紅色的機率是三分之二。」為了解釋你的論點，你翻開了紙

牌，揭曉背面也是紅色。查理想開口說什麼，但他也發現對他來說，你太聰明了。他轉身去找另一個可以耍弄的傻瓜。

在這個範例中，很多人都不相信另一面是紅色的機率是三分之二。如果比例原則無法說服你，另外還有兩個方法也可以得出同樣的答案。（數學家用不同的方法得出相同的答案時，他們總是很開心。因為這說明答案**一定是**正確的。）

另一種方法如下。在這場遊戲的一開始，你有三分之一的機會，抽到一面紅一面黑的紙牌。看到一面是紅色改變了很多事，但是前述的機率不會變。無論你看到什麼顏色，你選中一面紅一面黑那張牌的機率都是三分之一。因此，這張牌另一面是黑色的機率是三分之一，另一面是紅色的機率是三分之二。

還是不相信我？那試試看以下這個三張紙牌大驚奇的說明。這裡有三張紙牌，每一張都兩面，總共有六面。你一開始做的，是隨機在六面中選出一面。你選到的是紅色，那麼，這一定是三面紅色當中的其中一面，而這三面出現的機率都一樣。在這三面紅色當中，有兩張背面也是紅色（就是兩面都是紅色的那一張牌），裡面只有一張背面是黑色（就是一面紅一面黑那一張）。因此，有三分之二的機率，背面也是紅的。

這樣你就懂了。應用比例原則，或是一開始的時候想到機率，或是以紙牌的「面」為單位、而不是以「張」來計算，我們就可以看到，在快手查理的三張紙牌大驚奇遊戲中，一旦你看到一面是紅色，另一面也是紅色的機率為三分之二。

很簡單，對吧？讀到了這裡，代表你也做好準備，要解開最

著名（或者說最惡名昭彰）的條件機率問題：蒙提霍爾問題。

一個問題，掀起了軒然大波

1990年9月9日，瑪麗蓮・沃絲・莎凡（Marilyn vos Savant）在《Parade》雜誌上的〈請問瑪莉蓮〉（Ask Marilyn）專欄裡提了一個機率問題，這個問題叫「蒙提霍爾問題」，以電視節目《來做個交易》（Let's Make a Deal）的節目主持人為名。

蒙提霍爾問題假設三道門中，有一道門後有一輛新車。你可以選一扇門（假設是1號門），主持人會打開另一扇門（假設是3號門），門後沒有汽車（事實上，打開門時反而會看到一頭山羊）。現在你有選擇：你可以堅守本來選擇的門（1號門），也可以換成另一道沒有打開的門（2號門）。如果你最後選定的門後有汽車，那你就可以贏走汽車，不然的話，就什麼都沒有。

問題是：你應該打開一開始選的門，還是要換？車子在1號門後面的機率比較高，還是在2號門後面？多數人假設，不管你換或不換，贏得汽車的機率都是一樣的。但莎凡斷言，如果你換的話，贏的機率會高兩倍。

很意外的是，莎凡針對這個問題所寫的專欄文章，引發了一場鋪天蓋地的爭論。她收到成千上萬封來信。喬治梅森大學（George Mason University）、佛羅里達大學（University of Florida）、密西根大學（University of Michigan）和喬治城大學（Georgetown University）等研究機構的數學家寫信過來抱怨，

指莎凡的答案不對，他們說她「完全搞砸了」、「邏輯有誤」、「錯得離譜」。有一位很過分的學術界人士甚至寫信給莎凡，說她自己就是那頭山羊！

莎凡的回應，是對「全美的數學課」提出一項挑戰，要求他們用這個遊戲來做實驗。她要求他們嘗試200次不換，然後再嘗試200次換選擇，看看哪一種方法比較常贏。很多小學數學老師接下她的戰帖，他們的回信很讓人開心。「本班懷著無比的熱情，很榮幸地宣布我們的數據支持你所提的想法。」有一位老師這麼說。「學生從中獲得的快樂讓教書這件事變得好值得。」另一位也很激動地表示。第三位大喊：「結果真的很讓人驚奇！」（另一方面，有一位學生說他很開心，但這只是因為這項實驗「讓我可以擺脫分數單元兩天。」）

這道蒙提霍爾問題，觸動了數學家、老師、學生以及一般大眾的神經。我們要如何解決這個巧妙的小問題？

要注意到的第一件事是，答案取決於主持人的行為模式。比方說，如果主持人不喜歡你，那麼，他**只會**在你原本猜的答案是對的時候，提議給你機會，讓你可以換。要是這樣，你當然絕對不要換，因為主持人只會在你交換反而會得到壞結果時，讓你換。反之，如果主持人非常喜歡你，那麼，他就**只會**在你原本猜的答案**不**正確時讓你換，這時決定要換就是好主意。若是這樣，那你一定**永遠**都要選擇換。

因此，我們要清楚地說出假設，以消除模糊地帶。我們假設，在你做出選擇之前，一開始三扇門後面放有汽車的機率一模

一樣。我們也假設，無論你最初的選擇是對是錯，主持人**永遠**都會打開一扇你沒有選的門，而那道門後面沒有汽車。接著，主持人一定會讓你有機會換到另一扇還沒打開的門。此外，假設你原本選的門剛好是正確的，主持人在另外兩扇門中選擇任何一扇的機率都相同（在這個假設下，任何一扇門後都沒有汽車）。

現在，假設都很清楚了，也該來運用一些條件機率了。一開始，三扇門後有汽車的機率都相同。現在，我們有了一些新證據，亦即，主持人打開了3號門，後面沒有汽車。那麼，我們就要問，2號門後放有汽車的新機率是多少？

比例原則告訴我們，2號門後有汽車（這是假設）的機率，要和看到新證據後（亦即，看到主持人打開3號門），如果汽車真的藏在2號門後的機率成比例。現在，假設2號門後真的有汽車，那麼，在我們選了1號門後，主持人別無選擇，一定要打開3號，這是唯一沒有汽車的門。所以，主持人永遠開的都是3號門，在這種情況下，主持人開啟3號門的機率是一分之一（百分之百）。

另一方面，如果1號門後確實有汽車（這是說，如果我們一開始就選對了），那麼，主持人就有選擇了。他有一半的時間會開2號門，有一半的時間會開3號門。因此，在這種情況下，主持人僅有一半的機率會讓我們一窺3號門。主持人在這種情境下開3號門的機率為二分之一。

我們可以得出結論，看到新證據（主持人開啟3號門）之後，代表汽車在2號門後的機率比在1號門後高了兩倍。這麼一

來，根據比例原則，如果我們猜1號門而主持人打開3號門，車子在2號門後的機率比在1號門後高了兩倍。換言之，如果我們從1號門換到2號門，就能把贏得汽車的機率提高到三分之二。

所以，莎凡完全是對的，批評她的數學家大錯特錯。如果你理解為何2號門後有汽車的機率是三分之二，那麼，你就超越了多數寫信給《Parade》雜誌的數學家。如果你不明白，請打起精神來。同樣的，還有其他方法可以得到相同的答案。

一開始玩遊戲時，你不知道汽車放在哪裡。因此，你最初在完全隨機之下選了1號門，正確的機率僅有三分之一。你知道，主持人之後會開啟另一道後面沒有汽車的門，所以，他這麼做時，你完全不意外。特別是，主持人此舉對於你是否一開始就選對了的機率**完全沒有**影響。這也就是說，1號門是正確的機率和之前一樣，也就是三分之一。有三分之一的機率車子在1號門後，而（利用刪除法）車子在2號門後的機率是三分之二。同樣的，我們可以看到莎凡是對的。

如果你還沒信服，試試看下面的解釋。假設主持人用擲硬幣來決定開哪一道門。即便他別無選擇，他還是會假裝擲硬幣，不管那根本沒有意義。如果是這樣，我們可以列一個表把所有機率寫下來，如表14.1所示。表中六列的機率完全相等，其中三項（第二、第三和第四列）對應的是主持人會開啟3號門，而有兩列是車子真正的位置在2號門後。這表示，如果主持人開的是3號門，三次裡面有兩次車子是放在2號門後面。因此，換門的話贏的機率是三分之二，就像莎凡說的那樣。

表14.1：蒙提霍爾問題可能的結果
（如果你一開始選的是1號門）

你的選擇	汽車位置	擲硬幣結果	主持人開啟的門
1號門	1號門	人頭	2號門
1號門	1號門	字	3號門
1號門	2號門	人頭	3號門
1號門	2號門	字	3號門
1號門	3號門	人頭	2號門
1號門	3號門	字	2號門

我們的條件機率故事說完了。總而言之，比例原則告訴我們，如果兩種機率一開始一樣，但隨後出現了新證據，就應該按照新證據出現的機率，相應調整最初的機率。因此，如果艾莉絲唱歌的機率比布蘭達高了四倍，那浴室裡面是她的機率也高了四倍（因此，機率是五分之四）。或者，如果兩面都是紅色的紙牌出現紅色面的機率，比一面黑一面紅的紙牌高了兩倍，那麼紙牌是兩面紅色的機率就高了兩倍（因此，機率是三分之二）。或者，如果汽車在2號門，主持人打開3號門的機率，比汽車在1號門時高了兩倍。那麼，汽車在2號門後的機率就高了兩倍（因此，機率是三分之二）。

如果你還是不相信蒙提霍爾問題的機率是三分之二，請記住，很多數學家第一次聽到這個問題時也不相信。不過，比這個問題更重要、甚至比起比例原則都更重要的，是條件機率的基本

事實：出現新證據時，你應該要據此更新你的機率，不可太過（像鬍子男的情境），也不可不及（例如三張紙牌大驚奇，或者蒙提霍爾問題）。如果你在人生的旅途上把這件事銘記在心，你會根據你所見所聞做出適當的推論，最終成為更明智的人。

好鬥的統計學家

條件機率的由來，是統計學家之間一項很嚴肅、有時候甚至很火熱的辯證。有些統計學家覺得，像p值、誤差範圍和「20次裡有19次」這些傳統的統計推論，毫無意義。他們屬於貝式學派（Bayesian），這個學派以湯瑪斯・貝葉斯（Thomas Bayes）為名，他是非英國國教派（Nonconformist）的牧師，發展出很多條件機率的早期規則。（早在統計學家以他為名爭論統計方法之前，貝葉斯便已過世，但貝氏統計學家仍視他為英雄。他埋骨於倫敦市中心的邦希墓園〔Bunhill Fields〕，在他死後兩百年，後世在他的墓碑上加刻了以下這一段話：「為表彰湯瑪斯・貝葉斯在機率領域上的重大成就，在全世界各地統計學家的捐助之下，1960年重修此墓。」）

貝氏統計學家相信，應以條件機率的角度，來看待所有不確定性。舉例來說，如果要試驗新藥，他們不會因為知道「藥物靠運氣發揮療效的機率低於5%」就甘心。反之，他們會想要知道，以藥物試驗的結果為基礎，藥物真正有效的**條件**機率是多少？或者，如果是民調，他們不想知道誤差範圍。反之，他們想

要知道的是，以民調結果為基準，他們的候選人真的能勝選的**條件機率**是多少？

更具體來說，來看一下我們之前提過的虛構波氏病。這種病一般的致死率，是得病的人中有50%會死亡，但現在出現了新藥，給了五個病患服用，每一個都存活下來了。這樣的結果足以證明新藥有效益嗎？

我們已經知道，古典學派（或者稱為「頻率學派」〔frequentist〕）的統計學家，會叫我們計算p值，指這五位病患完全出於運氣而存活下來的機率。這個p值等於50%自乘5次，得到的答案是32次中會有一次，換算下來是3.1%。由於這個p值低於5%，古典學派的統計學家得出的結論會是：這五位病患能夠康復並非單純因為運氣好，所以一定是這種藥有療效。

貝氏學派則從不同的角度進行統計分析。一開始會設定藥物效果的事前機率（prior probability），這代表我們還沒有進行藥物測試，或沒有看到任何證據之前認為的效果。因為我們不確定這是否成立，而且也希望能抱持開放的心態，因此可能會宣稱藥物是神藥（可以救活每一位病患）的初始（事前）機率是50%，藥物無效（因此無法改變這種疾病的存活率是50%的事實）的機率是50%。

一旦設定了事前證據，接著我們就可以在這種藥物接連拯救五名病患的事實之下，來計算藥物有效的條件機率，也稱為事後機率（posterior probability）。

什麼是條件機率？意思是，如果這種藥物有神奇療效，則不

管是哪五位病患都可以存活下來。但是，要是藥物無效，出現皆大歡喜結局的機率僅有1/32。此外，我們也已假設，兩種情況（藥物有神奇藥效的機率、以及無效的機率）的事前機率都相等。因此，我們可以運用比例原則。比例原則指出，如果五位病患都陸陸續續存活下來，那麼，藥物有神奇療效的事後機率是32/33（96.97%），此藥無用的機率是1/33（3.03%）。

因此，古典學派會說，p值為3.1%，代表這種藥必定有療效，但貝氏統計學家會說，在相關證據之下，藥有療效的機率是96.97%。而兩種結論差不多是同一件事：在兩種論據中，說的都是有強力的證據指出此藥有用。然而，古典統計學判定這種藥有幫助，是基於p值小於5%，貝氏統計學則使用條件機率，最後得出藥有用的「事後」機率是96.97%（有3.03%的機率無用）。

將統計學分為古典學派與貝氏學派的二分法，聽起來只是很不重要的技術面差異，從很多方面來說，也確實如此。但就某些統計學家看來，這項差異關乎他們看待隨機的原則。最有意思的是，某些統計學家會激昂且對人不對事地劃分差異。他們不把古典統計學與貝氏統計學當成學派，而是指稱個別的研究人員是頻率學派還是貝氏學派，然後批評對方的方法。貝氏學派攻擊頻率學派，指出他們「邏輯上不一致」的想法當中的「扭曲之處」，主張我們真正應該在乎的不是p值或誤差範圍，而是在觀察到的數據條件下，這種藥物有益、或是候選人贏得選舉的真正機率。頻率學派的人反駁，貝氏統計學要在實驗開始之前，先具體說明

你認為的事前機率是多少。但關於要如何選擇這個事前機率，沒有任何明確的理據。因此，他們認為貝氏統計學毫無意義。這種貝氏學派與頻率學派之爭，在二十世紀的後半葉最為激烈，每一邊都提出了詳細的攻擊點炮轟另一邊，而且一直持續到今天。

我用非常痛苦的方式體會到辯證兩方的強烈情緒，在老一輩的統計學家之間尤其明顯。每當我在統計系的交誼廳中和「多元」（有貝氏學派，也有頻率學派）同儕共處時，我都會小心翼翼地選擇用詞，以免挑起爭端。如果你發現自己身邊有一大群統計學家、而你又想惹點麻煩，那就問問大家是貝氏學派還是頻率學派。如果這一群裡剛好有一些很激動的人各自支持某一邊，那你就舒舒服服坐好，看著砲火四射。

15

垃圾郵件大戰
為了刪垃圾信，燒了幾十億美元

　　條件機率和貝氏統計學有很多應用，可以套用到許多科學與生活領域。其中一項愈來愈重要的應用，是擋下你不想要的促銷內容，或者說垃圾郵件。

　　垃圾郵件的英文為「spam」，是從「spiced ham」（意為添加香料的火腿）轉化而來。Spam（午餐肉）這個詞原本指的是，1937年荷美爾公司（Hormel corporation）開發出來的罐頭肉品名稱，是延續他們1926年推出的「荷美爾美味密封火腿」（Hormel Flavor-Sealed Ham）的接力產品。由於二次大戰期間新鮮肉品短缺，午餐肉罐頭在美國、加拿大、英國、俄羅斯等等地方蔚為流行，軍隊和民間都吃。預估全世界吃了超過50億罐的午餐肉罐頭。

　　後來，1970年代的英國喜劇團體蒙提派森（Monty Python）嘲弄了各處都買得到的午餐肉罐頭。他們有一齣很有名的諷刺

劇,講的是一家餐廳供應的早餐美食如下:「午餐肉、香腸、午餐肉、午餐肉、培根、午餐肉、番茄和午餐肉」,推波助瀾把午餐肉的英文「spam」,變成任何多到不得了的東西的代名詞。

因此,來到電子時代,使用「spam」一詞來指稱我們每天收到並刪除的不想看到、不請自來、大量發送的電郵廣告,或許也就無可避免了。這些訊息很努力想說服我們,要大家買產品、捐錢、瀏覽廣告網站,或做其他有利於發信者的行動。

這些垃圾郵件以前不太頻繁,還可能很有趣,但現在已經太浮濫,對於日常都要收發電子郵件的人來說,垃圾郵件嚴重耗竭生產力。確實,根據預估,目前有超過50%的電子郵件都是垃圾郵件,很多人預期這個數值會繼續提高。全世界花了很多心力篩選與刪除垃圾郵件、同時又要小心不要意外刪到重要郵件,相關成本很可能高達幾十億美元,更別提這有多讓人沮喪與惹人厭煩。

多數人現在同意,垃圾郵件是很嚴重的問題,必須加以阻止。但要怎麼辦?從立法、科技到個人習慣,很多面向正如火如荼展開這場對抗垃圾郵件的戰爭。但顯然,最有望成功的對抗垃圾郵件措施,會和機率理論有關。

一旦垃圾郵件多到讓人應接不暇,每一個人最初的反應都是「我們把這些傢伙抓出來!」如果警察逮到發送垃圾郵件的人,把他們丟進監獄關個幾年(而且不能用網路),會有很多人很高興。遺憾的是,事情不像聽起來這麼簡單。

「去抓發垃圾郵件的人！」這種辦法有個問題：要判斷哪些郵件是、哪些不是垃圾郵件，不見得每一個人的意見都一致。有時候，要畫出這條界線很簡單：你媽媽寫給你的溫馨短箋不是垃圾郵件，但請你去看某個色情網站的不請自來、意外出現的郵件就是。但如果說，某一封郵件是本地五金行老好人瓊斯先生發的信，宣布這個星期街坊鄰居來買鎚子有折扣，這又怎麼說？或者，發信者是你上個月買毛衣的網路商店，告訴你這個月有一件更漂亮的毛衣？（或者，對於像我這樣的教授來說，某一封大宗郵件宣布之後要舉辦一場大型研討會，問我有沒有興趣參加，這怎麼算？）有時候，界線可能很模糊。

另一個根本的問題是，多數發送垃圾郵件的人都躲在背後，並透過各種匿名的網路帳戶寄垃圾信，而且經常在不同的網路服務供應商（Internet Service Providers，ISP）之間快速切換。而直接向ISP業者申訴，最好的情況是他們會終止有問題的電腦帳號。但發送垃圾郵件的人要另開帳戶，簡直易如反掌。（就算只是要判斷涉及哪家ISP業者，都不是簡單的事，因為濫發郵件的人會在訊息中偽造這項資訊。）此外，網際網路具有國際性，這表示，垃圾郵件可以從任何國家寄送。而且，要逮捕發送垃圾郵件的人，需要具備複雜的引渡與其他國際條約的知識、並有能力執行。

立法者已經制定了懲罰發送垃圾郵件的相關法規。在美國，紐約州參議員查克・舒默（Chuck Schumer）以及其他國會議員制定了一項《垃圾郵件法》（CAN-SPAM Act），於2004年1月1

日生效。法案中有一條規定是，以偽造的身分使用多個電腦帳戶以傳送「大量廣告電子郵件訊息」的人，最高可判五年刑期。（顯然，法規用字遣詞很謹慎，讓政治人物自己可以繼續寄送大宗電子郵件，以爭取政治獻金。）這是很有希望的進展，但是真的能落實、大大減少發送出來的垃圾郵件數量嗎？很多人都抱持懷疑態度。

簡而言之，要抓到發送垃圾郵件的人是很困難的事。因此，要在對抗垃圾郵件這場戰事裡得勝，必須用其他方法。

有一個問題值得一問：為何發送垃圾郵件的人，要不畏麻煩發出這些訊息？有些人只是惡作劇，有些人則是受騙了，付錢請發送垃圾郵件的公司替他們發信，誤以為這樣可以賺快錢。然而，大部分濫發電子郵件的人之所以發送垃圾郵件，都是很認真想要賺錢。

垃圾郵件的訴求，通常是每發出100萬封郵件會有15個人回應，換算下來的回覆率是0.0015%，不管用任何標準來說都相當低。那發垃圾郵件的人要怎樣賺到錢？

當然，答案是發送垃圾郵件的成本極低。確實，目前聘請公司替你發送垃圾郵件的「特賣價」約為每發1萬封電郵收1美元，比寄送紙本郵件的成本低很多、很多。只要花100美元，發送垃圾郵件的人就可以送出100萬封郵件，然後得到約15個人回應。就算每有一個人回應只能獲利10美元，總共算下來也還可以賺到150美元，淨利還有50美元。

當然，如果完全沒有人回覆垃圾郵件，回覆率就會降到零。在這種情況下，發送垃圾郵件就無利可圖，到最後，濫發郵件的人就不想忙了。因此，若問我們可以怎麼做以消滅垃圾郵件，最簡單的就是不購買、不回應垃圾郵件。拒絕就對了。

遺憾的是，即便多數人從不回覆垃圾郵件，但看來永遠都有很小部分的電郵用戶會反應。因此，光靠著推廣「不回應」，還不足以阻止垃圾郵件問題。

有一個相關的議題，是發送垃圾郵件的人一開始怎麼拿到你的電郵地址。如果他們不知道你的電郵地址，就沒辦法煩你了。因此，另一個避免垃圾郵件的辦法，是盡可能不洩漏你的電郵地址。某些ISP業者與電商會把你的電郵地址賣給濫發郵件的人。顯然，你絕對不應該在知情之下和這些公司有生意往來，也不要把電子郵件給他們。

還有，有些發送垃圾郵件的人乾脆就是「用猜的」，得出各種不同的電郵地址，發送至常見電郵網域中很常看到的信箱帳號。

此外，市面上很多電腦病毒，一旦它們成功襲擊某一台電腦，就會自動尋找儲存在該電腦通訊錄裡的所有電郵帳號，並向它們發送郵件。要避免這種問題，只能避開所有的電子郵件往來對象（或者至少不要和那些會不小心容許電腦病毒接管自己電腦的人通信），但基本上這是不可能做到的提議。

另一方面，多數發送垃圾郵件的人都透過「垃圾郵件收穫器」（spam harvester）來獲取電郵地址，這些收穫器是電腦程

式，會在全世界自動搜尋網頁和網路工商名錄，尋找新的電郵地址。因此，要避開這些收穫器，唯一的方法是讓你的電郵地址遠離所有公共網站（除非以圖片方式顯示，電腦程式無法判讀圖片中的文字資訊）。

遺憾的是，你根本不可能讓你的電郵地址遠離每一個網站、每一個工商名錄、每一張廣告郵寄清單，也很難避開曾經被網路病毒攻擊的電郵往來對象。保密電郵地址雖然基本上算是好主意，但同樣的，這並非解決日益嚴重垃圾郵件問題的絕佳方案。

與垃圾郵件發送者，展開技術大戰

如果抓不到寄發垃圾郵件的人，無法讓他們做不了這一行，也很難躲開他們，那還剩下什麼辦法？近來，人們轉而把重點放在借助電腦的威力，來對付濫發電郵的人，用科技來防範垃圾郵件進到你的收件匣。

卑鄙的呼拉圈先生

門鈴響的時候，你輕鬆舒服地待在家裡，享受好不容易得來的片刻寧靜。你開門，看到一個眼神狡詐、鬍子上了蠟、打著黑色細條領帶的男人，手上抓著幾個大環。

「真高興看到你啦！」他很流暢地開始說，「我叫斯帕姆米提・斯帕姆（Spammity Spam；按：意為「多到不得了的垃圾郵

件」），我在賣呼拉圈，先生，你要嗎？我有厚的呼拉圈、薄的呼拉圈，有綠色，也有藍色……」

「抱歉，沒興趣。」你打斷他，關上門，回到沙發上。

一分鐘後門又開了，斯帕姆米提‧斯帕姆探頭進來。「我想您沒有真正想一想呼拉圈的所有好處。」他開始說。

你火大了，跳了起來，甩上門，然後鎖了起來。至少現在，他不能再回來了。

一分鐘後，門鈴又響了，重複響，一次又一次。沮喪的你拔掉了線路，讓門鈴不能發出聲響。你鬆了一口氣。

接下來，有人敲門。一開始很輕，接著愈來愈大聲。啊啊啊！你衝進地下室，找到一些很舊的床墊，搬出來靠在前門，壓下敲門聲。你深呼吸，試著放輕鬆。

樓上是什麼聲音？是斯帕姆米提‧斯帕姆從臥室的窗戶爬進來。「呼拉圈是很好的舒壓工具。」他繼續說，好像之前都沒有人叫他閉嘴一樣，「好玩又有趣！」

你氣壞了，衝上樓去，把斯帕姆米提‧斯帕姆往外推到陽台上，並把屋內所有窗戶都釘上一層厚厚的木板。然後你倒在地板上，這裡變成一棟固若金湯的孤獨寂寞之屋，沒半點陽光。但你聽到屋頂傳來聲音，知道是斯帕姆米提‧斯帕姆正設法從閣樓爬進來，你更喪氣了。

在此同時，你友善的鄰居剛從她的花園摘了一些花，她站在你的前門，但按門鈴、敲了門卻沒有反應，她非常沮喪。

理論上，我們應該能善用電腦的威力擋下垃圾郵件。也就是說，每一次有新的電子郵件帳號出現，應該自動送到某個電腦程式，判讀這是合格的電子郵件（然後放它通過），或者，這是一封垃圾信（之後要刪除、送還給寄件者，或是存放到專門的「垃圾郵件收件匣」，供你之後檢視）。確實，很多ISP業者已經替用戶架設了這類程式，但這些程式如何運作，成效又如何？

　　而擋下垃圾郵件這一問題，也可說成是「分類問題」：我們要如何寫出一套電腦程式，來判斷新的電子郵件是不是垃圾郵件？近年來，很多研究人員鄭重看待這個問題，孜孜矻矻尋找好的解決方案。而非垃圾郵件在對照之下被稱為火腿（ham），或許理所當然。現在，問題是：我們能否寫出一套夠聰明的電腦程式（可稱之為「垃圾郵件過濾器」），判定哪些郵件是垃圾、哪些又是正常郵件？

　　一開始試做，我們可能會設定電腦程式針對各種詞彙與模式掃描每一封電子郵件，如果出現特定的詞彙與模式，就歸類成垃圾郵件。舉例來說，很多垃圾郵件的寄件人是藥品經銷商，試著銷售威而鋼（威而鋼的製造商輝瑞，絕對不是發送這些郵件的始作俑者）。你想：啊哈，被我逮到了吧。要對付這個問題，我就設定電腦自動擋下任何夾帶「威而鋼」這個詞的郵件就好了。勝利在望。

　　但這樣會有幾個問題。第一，你的電腦在辨識垃圾郵件這件事上，很可能出現「偽陽性」。這是說，有些很合宜的電子郵件誤被歸類為垃圾郵件。比方說，有個同事用以下這段話，為一封

其他內容都很嚴肅且重要的電子郵件收尾：「抱歉這麼晚才告訴你這件事。但我之前要先刪掉七封想要我買威而鋼的垃圾郵件。」或者他講了個笑話：「如果這封電郵太無聊的話，我很抱歉。但至少比另一封賣威而鋼的廣告信好多了。」又或者，他提供了建議：「去讀一下新出版的機率書，裡面有極有趣的討論，講到要如何處理夾帶『威而鋼』這個詞的電子郵件。」遺憾的是，你的垃圾郵件過濾器（這只是一套電腦程式，因此不太明智），一看到郵件裡出現「威而鋼」一詞，就自動把它歸類為垃圾郵件。這會讓你無法讀到同事傳來的郵件。

第二個問題是，發送垃圾郵件的人會想辦法繞過你的阻擋程式。舉例來說，他們可能會故意寫錯「Viagra」（威而鋼）一詞。確實，上個月我就收到很多垃圾郵件催促我購買以下這些商品：「Via.gra」、「viagara」、「Viagkra」、「V*iagra」、「V|@gra」、「Vl@gra」、「Vi@gra」、「V-l-A-G-R-A」，甚至是「Via < alt = 3Dlkfrujv > gra」（會出現最後這一個，是因為以HTML格式閱讀電子郵件的人，看不到角括號裡面的程式語言）。真人很容易認出這些拼法代表著「Viagra」威而鋼，但是你的阻斷垃圾郵件電腦程式很可能會放過。更老練的濫發郵件者甚至根本不用「威而鋼」一詞。他們可能會替產品重新命名，用其他方式描述產品的神奇療效，再一次愚弄你的電腦程式。

就算你某種程度上能排除掉威而鋼的廣告，但還有各式各樣的垃圾郵件。你很可能一整天都在電腦程式裡加入不同的詞彙與不一樣的拼法，同時還有偽陽性的問題，導致你讀不到真正該讀

的電子郵件。

　　事情看來很無望。但同樣的，機率理論能反敗為勝。

共和、女士、威而鋼……垃圾指數大揭祕

　　新方法不是試著去找出所有垃圾郵件可能會夾帶的詞彙、並期待真正重要的電子郵件裡都沒有這些字眼，而是讓電腦預估每一封新郵件是垃圾郵件的機率。

呼拉圈先生又來了

　　你很難過錯過鄰居來訪，也渴望陽光，於是你嘗試不同的辦法。你拆掉所有厚木板和床墊，把門鈴裝了回去。你在沙發旁邊裝了兩個按鍵，一個上面寫著「垃圾」，另一個寫「正常」。

　　一分鐘後，門鈴響了。你希望是好鄰居過來，因此手伸向「正常」按鍵，準備自動開啟大門，放人進來。

　　「別這麼快。」你下了決定。你沒有從沙發上起身，而是開始思考。你的訪客又按了兩下門鈴，這是斯帕姆米提・斯帕姆向來會做的事。

　　就在門鈴前面，你聽到一陣喀哩喀啦的聲音，很像斯帕姆米提・斯帕姆的靴子發出的聲響，聽起來他正爬上你前廊的階梯。從窗戶望出去，你看到影子，雖然模糊難以辨認，但你認

為畫面中有一個很大的環，有點像是呼拉圈的影子。

把這些證據綜合在一起，你算出有97%的機率，訪客是卑鄙的斯帕姆米提・斯帕姆。這是很高的機率值。因此，你沒站起來，而是按下了「垃圾」的按鍵。一個大彈簧馬上從你的門廊下面彈出來，把訪客撞到對街去。

「呼！」你想著，很輕鬆愜意地躺在沙發上。

在此同時，你覺得有點緊張。「我非常希望那不是我的鄰居！」

很多最新的垃圾郵件過濾器程式，運作時至少有一部分會自動預估進來的信是垃圾郵件的機率有多高。如果機率很高（比方說，高於90%），那它就會被歸類為垃圾郵件。

剛開始執行程式時，需要由人類來分類，整理出一大批垃圾郵件，及另一批真正重要的正常郵件，程式利用這兩群郵件來訓練自己，做法是計算每一個不同的詞出現在垃圾郵件中幾次，在正常郵件中又出現幾次。比方說，「威而鋼」一詞出現在五十二封垃圾郵件裡，僅出現在一封正常郵件裡。之後，電腦程式會對「威而鋼」一詞設定很高的垃圾郵件機率值，很可能約達98%。（確實的規則會因程式不同而有差異。）

電腦程式因此判定，如果電子郵件裡出現「威而鋼」一詞，那這封信是垃圾郵件的機率是98%。但這表示任何郵件中有提到「威而鋼」的都是垃圾郵件嗎？不。程式必須考慮信中的其他用詞。

假設，除了「威而鋼」之外，信中很多詞都呼應你的工作及／或你平常的電子郵件運用習慣（以我的情況來說，就是統計、研究和講課這些詞。如果是我某些學生，很可能是啤酒、頹廢風和派對）。由於這些是經常出現在正常郵件中、比較不常出現在垃圾郵件中的詞彙，因此，這種信是垃圾郵件的機率很低，可能約1%。

　　那電腦要做什麼？面對內含高垃圾郵件機率字眼（像是「威而鋼」），加上其他低垃圾郵件機率字眼（例如「研究」）的郵件，電腦會把這些機率加總起來，得出一個「總和垃圾郵件機率」（grand spam probability），指出這封信整體來說是垃圾郵件、而非正常郵件（有時候也稱為郵件的「垃圾指數」〔spamicity〕或是「垃圾評等」〔spam score〕）。電腦是使用貝氏統計學派的方法，利用條件機率來做。電腦一開始假設每一封電子郵件是垃圾郵件、或正常郵件的事前機率皆為50%，接著以郵件中出現的詞彙為條件，使用條件機率計算訊息的真實垃圾郵件機率（垃圾指數）。換言之，一封郵件的垃圾指數，就是這封信是垃圾郵件的貝氏事後機率。

　　最後，計算出垃圾指數之後，電腦必須派定要把電子郵件歸類為垃圾郵件、還是正常郵件。通常，這個步驟很簡單。舉例來說，如果垃圾指數超過90%，那就歸類為垃圾郵件。否則，就歸類為正常郵件。（當然，90%這個門檻可以修改，比方說降到80%〔這樣風險比較高〕或拉到95%〔這樣更安全一些〕。而門檻愈低，偽陽性的風險就愈大，應該竭盡全力避免。）

當然，還可以延伸出很多做法。像SpamAssassin這類過濾器，就是以詞彙作為依據來計算是垃圾郵件的機率，並結合其他因素，例如信中是否有一整行都是用大寫字母寫成（這是濫發郵件者始終最愛的手法）。但本質上，許多新式垃圾郵件過濾器的電腦程式，都是用上述方式設計的。

不過，這類垃圾郵件過濾器的成效如何？以機率導向的過濾器來說，一切都取決於用來訓練程式的垃圾郵件與正常郵件的品質，以及針對不同的字彙指定的垃圾郵件機率。如果這兩組郵件量夠大，可以靠速度來彌補電腦沒有智慧這個缺點，從中挖掘出人類或許會忽略的模式。

比方說，美國著名的程式設計師兼創業家保羅‧葛拉罕（Paul Graham），在他那一篇經常被人引用的文章〈垃圾郵件大作戰〉（A Plan for Spam）裡，就寫到了他的機率導向垃圾郵件過濾器找到的高垃圾郵件機率字眼，不限於顯而易見的用詞，例如優惠（promotion）、保證（guarantee）和性感（sexy），還有一些比較不明顯的用語，像是共和（republic；發信請你轉帳到很遙遠的地方，例如奈及利亞共和國〔Federal Republic of Nigeria〕）、女士（madam；信件的開頭敬語：各位先生女士〔Dear Sir or Madam〕），以及每（per；信裡提到報價，像是：一次購買10包，每包〔per package〕6美元）。最讓人想不到的或許是「ff0000」，這是HTML語言程式中的「亮紅色」代碼，這個詞彙的垃圾郵件機率值極高，因為發送垃圾郵件的人經常使

用這個顏色強調自己的訊息。

因此，自動化的機率導向程式，可以找出人們可能猜不到的模式。更好的是，這一切都由電腦自動完成，不需要有人花一整天的時間，篩選每一封垃圾郵件裡的每一個詞彙。

另一個額外的好處，跟透過電子郵件傳播的電腦病毒有關。從過濾的觀點來說，這些病毒郵件就跟垃圾郵件一樣。電腦因此，電腦也會把它們放到垃圾郵件區，而你的垃圾郵件過濾器就能識別電腦病毒的模式，學習把病毒連同垃圾郵件一同擋下來。

一旦垃圾郵件過濾器開始運作，就會持續學習。舉例來說，每當過濾器誤判非垃圾郵件為正常，你可以自己把信拉到垃圾郵件區，「告訴」電腦這裡有一種新的垃圾郵件。

長期下來，電腦就可以做出判斷，比方說，應該把Vi@gra設為高垃圾郵件機率字眼（即便電腦並不「理解」Vi@gra與Viagra之間的關係何在）。但願，電腦會愈來愈精於找出哪些訊息是垃圾郵件，哪些又是正常郵件。確實，葛拉罕宣稱他替自己的電子郵件開發出一套系統，可以過濾出99.5%的垃圾郵件，偽陽性僅不到0.03%，這真的非常讓人佩服。（我自己的系統沒這麼成功，但也可以濾掉80%以上的垃圾郵件，替我省了不少時間，也讓我少沮喪很多。）

電腦會根據新的範例更新機率，這類程序有時稱之為「機器學習」或是「人工智慧」，而它們都和「貝氏網路」（Bayesian network）或是「神經網路」（neural network）有關。確實，這類程序現在應用廣泛，從偵測金融詐騙、根據軍方感應器辨識過來

的飛彈、強化全球資訊網的搜尋演算法，到為個人電腦使用者提供和背景條件息息相關的協助，無所不包。然而，電腦並不是真的「學到」任何東西，至少不是你我學到東西的那種學習。電腦所做的，就是計算詞彙和模式，然後算出相關的機率。

你的蜜糖，我的毒藥

垃圾郵件過濾器引發了很有趣的問題，那就是垃圾郵件和正常郵件的資料集，是要由大家一起來建構，還是個別的使用者應該有自己專屬的資料集。

乍看之下，這個資料集應該是共通的。每一個人都適用相同的資料集，同一個資料集也適用於所有人。畢竟，如果我想要避免多數內含「威而鋼」一詞的郵件，你很可能也是這樣。

但，等等。假設你剛好是專攻生殖生理學的生物醫學研究人員。對你來說，威而鋼的療效很可能替你的研究提供重要證據。因此，你很多日常電郵裡說不定包含了「威而鋼」一詞，這些郵件不需要被當成垃圾郵件濾除。

同樣的，在我的電子郵件裡，「機率」一詞頻繁出現。如果一封寄給我的電子郵件裡有這個詞，很可能是正常郵件，是垃圾郵件的機率或許僅1%。但，同樣是這個字，可能很少出現在對機率理論沒這麼感興趣者的電郵裡。這不表示對他們來說，有「機率」一詞的電郵就一定是垃圾郵件，而是指，在發給他們的郵件中，這個詞對於判斷是不是垃圾郵件無關緊要。一個人的蜜

糖可能是另一個人的毒藥，某個人眼中的恐怖分子可能是另一個人心目中的自由鬥士。顯然，有些時候，某個人的垃圾郵件是另一個人的正常信件。

現代某些垃圾郵件過濾器，像Bogofilter，就設計成讓每一位用戶自行設立專屬的垃圾郵件和正常郵件資料夾，並根據郵件用戶區分，使用不同的垃圾郵件機率。其他的程式如Spam-Assassin，則是對每一個人都套用相同的機率值。

每一種方法都各有優、缺點，但我注意到，使用專屬的垃圾郵件組合會讓我內心很振奮。每一次有新的垃圾郵件發來、通過了過濾器，我會把這封信加入我的垃圾郵件集、並更新垃圾郵件機率，權力在握的感覺會蓋掉厭煩感。我幾乎可以聽到自己用硬漢警長的聲音，對新溜進來的郵件說：「你已經被歸類成垃圾郵件，你信中包含的每一個詞都可以、也都將用來當成對付你的舉證，以更新我的垃圾郵件機率，並封鎖你或你的同夥未來發送的郵件。」

在機率戰場上，激烈交鋒

垃圾郵件過濾器正與濫發電郵的人激烈交戰，事關垃圾郵件的未來。如果發送垃圾郵件的人贏了，垃圾郵件的比率將會愈來愈高。或者有一天，這套電子郵件系統很可能變得不堪使用，或是必須加以設限，發給親近人士特殊的密碼，這樣他們才能發信給我們。假如過濾器贏了，基本上所有垃圾郵件都會被擋下來，

電子郵件系統以高度的效率運作，濫發郵件的人只好垂頭喪氣投降。這場重要戰役的舞台，恰恰好就是各式各樣垃圾郵件過濾器算出來的垃圾郵件機率。

發送垃圾郵件的人很努力顛覆這些機率，除了愈來愈常故意拼錯之外，他們也在自家垃圾郵件中，加入更多平常會用到的詞彙。確實，上個星期我收到的垃圾郵件開頭就是一個隨機且無關聯的詞彙組合，包含了請願（petition）、赤道的（equatorial）、亡故（decease）和頑強固執（obstinacy）這幾個詞。這些詞和信中推銷的產品毫無關係，但這麼做卻有辦法愚弄我的垃圾郵件過濾器，把這些信分類為正常郵件。

濫發電郵的人也努力避開使用常見的垃圾郵件用字遣詞。他們不再要求你**購買**他們的產品，告訴你他們的東西多**便宜**，或是他們的模特兒有多**性感**。有時候，他們會使用比較溫和的訊息，例如「嗨，您好，請來看看以下這個超棒的網站」，後面接著要你購買的產品超連結。這類垃圾郵件可想而知回覆率極低，但是他們試著躲避垃圾郵件過濾器時，就會選用這類訊息。

在此同時，過濾器也挾著範疇愈來愈大的垃圾郵件資料集加以反擊，更仔細分析進來的電子郵件語法（比方說，分辨電子郵件標頭的用語與內容用語之間的關係），以及多方面衡量電子郵件的特性（空白行、非標準的標點符號、「寄件者」的標頭沒有名稱等等）。我猜想，到最後，過濾器程式也必須考量字詞**配對**。例如，「獨有機會」加在一起，聽起來就比「獨有」或「機會」單獨使用時更像是垃圾郵件。這會讓複雜度再添一層，某些

垃圾郵件過濾器，比方說SpamProbe軟體，已經在嘗試克服相關困難。

　　戰事如火如荼。哪一邊會贏？現在要斷言還太早。然而，理解這場戰爭至少會讓我們更容易理解，為何垃圾郵件會以今天的模樣出現。在最絕望的時候，在刪掉一封又一封垃圾郵件還刪不完的時候，知道這場戰役是以老朋友機率理論為核心，至少可以得到一些安慰。

16

上帝擲不擲骰子？

尋找「隨機性」的祕密起源

　　生活中有許多面向，都是以隨機性為核心。例如壞事像癌症或恐怖主義，好事如有利可圖的投資，還有有趣的事像是丟骰子和發牌。但隨機性從何而來？骰子、股市和恐怖攻擊等等個別事件，真的是隨機的嗎？或者，只因為我們無法更進一步理解，才把這些事情**想成**是隨機的？

　　就大部分情況來說，我們感受到的隨機性都是因為自己**無知**。如果有足夠的知識和洞見，隨機性就會消失，進而掌握確定性。要是能精準知道骰子擲出時的所有條件，就會知道骰子哪一面落地。假如可以判讀恐怖分子的心思，就會知道接下來他打算攻擊的地方。假設可以看到所有投資人的規劃文件，就能知道明天哪幾檔股票價格會上漲。

開店，就會有客人上門嗎？

你的餐飲事業在萬難當中起步了。第一個星期六，你非常樂觀，聘用了四位服務生和兩位廚師，但是幾乎沒有客人來，你虧了很多錢。第二個星期六，你悲觀了一些，只請了一位服務生和一名廚師，但餐廳裡擠滿了人，你根本無法提供合宜的服務。明天是第三個星期六，你現在就要決定要聘請多少人。應該怎麼辦？情況好像是隨機而定。

你很氣餒，於是出去散個步。一對年輕夫妻指著你的餐廳說：「這間餐廳看起來不錯，明天我們帶小孩過來吃飯。」在這條街遠一點的地方，滿滿一遊覽車的觀光客正要登記入住到一家大飯店，他們很有可能明天會來這一帶探索。你看電線桿上有一張傳單，上面說明天有一個美食會要聚會，就選在你的餐廳。接著，你很高興在報紙上讀到你的餐廳剛剛獲得正面的評鑑。

情況漸漸明朗。幾分鐘前，你的無知導致餐廳前景看起來充滿不確定，全憑隨機決定。然而，以你新找到的情報來說，牽涉到的隨機性少了很多。基本上你很確定明天會客滿。

你開心又自信，該請多少人就請了多少人。隔天，餐廳高朋滿座，顧客心滿意足，錢也跟著滾滾而來。

人的一生，都受混沌支配

　　如果說隨機性來自於無知，那麼，無知又來自於哪裡？有時候答案很明顯。有誰可以說清楚，全市裡的每一個人計畫去那裡吃飯、全世界的恐怖分子葫蘆裡賣什麼藥，或是你家的孩子長大後會變成什麼樣。人生有太多因素、太多未知，你不只是要估計機率而已，更要擁抱隨機性。

　　然而，有些看來沒這麼神祕的情境裡，也會出現隨機性。就說擲硬幣吧。硬幣是根據國家標準鑄造出來的，就放在你前面，你親自把硬幣往空中拋，然後接住。這當中沒有任何神祕詭譎，沒有隱藏條款，沒有密謀的敵人，你的葫蘆裡也沒藏著什麼藥。那有什麼是未知的？擲硬幣時，能肯定地說的，只有出現人頭的機率是50%，出現字的機率也是50%。

　　會有這種情況，背後的理由是擲硬幣是混沌系統的一個範例。這表示，一旦你丟硬幣的方式改變，壓得用力一點或是少出點力旋轉。就算只有一點點，都會對最後的結果造成很大的影響，把原本會出現的人頭變成字。要知道硬幣會是人頭還是字向上，你必須非常精準地知道你用多少力去壓硬幣、又用多少力去轉硬幣。如果你有一套很精密的雷射衡量系統，也許（但也只是也許）你可以精準預測硬幣是哪一面向上。然而，人類的肉眼沒辦法做到這麼精準。你可以**大概**推估出花了多少力壓硬幣、硬幣轉得多快，諸如此類的。但我們人的視力沒有這麼犀利，無法準確預測。我們對於硬幣有一些未知之處，就算不明白的部分很

少，但也足以導致全憑隨機決定最後的結果。

另一方面，假設你在地上朝著牆壁滾一顆球。如果是這樣，根據你一開始推球出去的角度，你大可預測到球會撞到牆壁的哪個點。假如你稍微改變球的方向，碰撞點也會跟著改變一些。因此，在地上滾一顆球不是混沌系統。這很容易預測，我們就算有一些不了解，也不會引發大量的隨機性。

而物理系統大致可以分成兩大群，一邊是固定且不會讓人意外的系統，不會太過敏感或混亂，幾乎沒有什麼隨機性可言。這些系統包括了在地面上滾球、從懸崖上丟石頭，到圍繞著太陽的行星運動。另一邊則是非常敏感、因而極度混亂的系統，對應的就是無法預測與隨機變化。這些包括擲硬幣、丟骰子、洗牌和撞球在球檯上彼此重複碰撞與回彈。因此，下一次你玩撲克牌，對手卻無法得知你手上握有哪些牌，這一切都要感謝混沌理論。

一片混亂的男友

歷經八個月之後，你終於弄清楚男朋友這個人。他工作順利時，他吃牛肉、喝進口啤酒時，還有，紅襪隊贏球時，他都會很開心。但當他工作出問題，看到上來的餐點是魚或牛奶，或紅襪隊輸球，他就會抱怨個不停。就是這麼簡單。

有一天，你男朋友在工作上簽下了一筆金額很大的合約。當天傍晚，你買了一箱德國啤酒，做了一大堆的漢堡，請男朋友過來，準備一起看球賽。紅襪隊贏了，比數是八比一，你期

待兩人可以共度輕鬆愉快的夜晚。

然而，你男朋友還是很暴躁。那天晚上似乎洋基隊也贏球了，於是紅襪隊還是要戰戰兢兢才能爭取決賽資格。就是這麼一件小事，完全逆轉你男友的心情，從原本的放鬆愉快變成氣憤易怒。

你男友絕對是一個混沌體系。

混沌理論對於用來在電腦上模擬隨機性的虛擬亂數序列來說，也很必要。事實上，這些序列完全不是隨機，而是以冷靜、紮實、可預測的運算為基礎。然而。這些運算公式都很混沌（意思是，對於小小的改變非常敏感），因此虛擬隨機變數會隨便亂跳，看不出明顯的模式，從而看起來很隨機。少了混沌理論，就不會有蒙地卡羅電腦模擬，電玩遊戲裡也不會有任何看來隨機出現的壞蛋。

人的一生都受混沌的支配，眼前的小小變動會對未來造成大大影響。1988年，由葛妮絲・派特洛（Gwyneth Paltrow）主演的英國電影《雙面情人》（Sliding Doors），就很適當地闡明了這樣的特質。她演的角色海倫急著要去趕地鐵，卻被一個孩子短暫地擋住去路。電影拍了兩種版本的現實可能性。第一種是，這孩子很快地移開腳步，結果是海倫趕上了車，在車上遇到一位乘客，返家，然後抓到男朋友背著她出軌。而在第二種版本，海倫被多拖了幾秒鐘，沒趕上地鐵，後來地鐵取消車班，她被困在地鐵站，遭人襲擊，最後進了醫院。這是兩種截然不同的現實情

況，會發生哪一種，完全取決於一個孩子有多快在地鐵站樓梯上讓出路來。這就是現實中的混沌理論。（出於信仰愛情之故，電影讓海倫在兩種版本的現實裡最後都和同一個人墜入愛河。好吧，沒有電影是完美的。）

混沌理論給了我們很強力的論點，反對回到過去的時光之旅這個概念。舉例來說，在原創的《星際稱霸戰》（Star Trek）系列中，有一集是麥考伊博士（Dr. McCoy）回到1930年代，在一場車禍中解救了一名女子，最後讓納粹贏得二戰，改變了歷史，也消除了所有我們知道的事實。為了因應這樣的變化，寇克船長（Captain Kirk）跟著麥考伊回去，把細節都修正過來，那名女子按時死於車禍，從而扭轉了一切，變回以前的模樣。問題是，寇克和麥考伊在冒險旅途中和很多人都有互動，租了一處公寓，找了一份有薪水的工作，結交朋友，占據了空間，致使其他人改變他們的計畫，凡此種種。（麥考伊甚至在無意之間導致一位街友死亡。）就像《雙面情人》裡的例子，任何微小的互動，都可能對於後續事件有絕大影響。因此，如果1930年代發生這麼多細微的變化，很難想像歷史走向會相似，遑論一切照舊了。

電影《回到未來》（Back to the Future）裡，米高‧福克斯（Michael J. Fox）回到過去，幫助爸爸重新贏回母親的芳心。而在他做這些事的期間，他爸爸也培養出更多自信。然後，跳回現在，這一家人變得比以前更信心滿滿，也更有成就。換成另一部電影《風雲人物》（It's a Wonderful Life），主角詹姆斯‧史都華（James Stewart）但願自己從來沒有降生在這個世界，但他的守

護天使讓他看到，少了他，家人以及親友的人生會變得多麼不同（剛好也變得更糟）。還有，美國知名科幻作家雷·布萊伯利（Ray Bradbury）在他的經典短篇小說《雷霆萬鈞》（*A Sound of Thunder*）裡寫道，一名恐龍獵人回到六千萬年前，偶爾捕到一隻蝴蝶。這隻蝴蝶的後代（有幾十億隻）都因此消失，導致其他動物沒有食物，諸如此類的。在發生這些事情之後，對於現代社會來說，淨變動是什麼？另一個人當選了美國總統！在這些故事裡面，過去的變化對於現在造成了（微小）的影響。混沌理論告訴我們，如果時光之旅真有可能，將會造成極嚴重衝擊，上述的影響相比之下根本算不上什麼了。（我很喜歡這些時空旅人的故事，但因為混沌理論之故，我完全無法把我的不信任放在一邊。）

為什麼氣象預報老是不準？

混沌系統最戲劇化的範例，是天氣。預測天氣常讓機率學家很難堪。幾乎每個人都聽過天氣預報，內容是機率值、比率和衛星雲圖，而多數人也看過這些天氣預報出了錯。如果說氣象學家是機率的代言人，有時候，他們算是機率學家的墊背靠山，少了這種人，機率學家會活不下去。

有很多原因造成這種讓人難過的狀況。其中之一是觀察偏誤（observational bias）：人比較常注意並記住不正確的預測，而不是正確的預測。事實上，天氣預測正確的頻率，遠高於錯誤的頻

率，但是很少有人因為預報正確而表示感激。但事實仍然不變：即便有現代電腦模型、衛星追蹤與全球網絡，人們仍無法精準預測出明天的天氣，更完全沒辦法預測一個星期以上的天氣狀況。

原因是，天氣就跟擲硬幣和洗牌一樣，都是混沌系統：今天極小幅度的變化，可能會讓明天的天氣大不相同。我們都聽過「蝴蝶效應」，最早提出這種講法的是美國氣象學家愛德華‧勞倫茲（Edward Lorenz；2004年好萊塢也以這套講法為基礎，拍出一部同名電影），他說，巴西的一隻蝴蝶震動翅膀，很可能導致幾天後德州發生龍捲風。雖然有人說這種說法太過誇張，但這傳神地闡述了一個事實：天氣是數目多到難以想像的空氣分子、水滴和其他因素多次互動與碰撞造成的結果，根本不可能追蹤全部因素，就算用上現代化的電腦也辦不到。這些因素並非以簡單的模式互相碰撞，反之，會引發一次又一次、一次又一次後續碰撞，而且是以非常不可預測的方式進行。目前天氣條件稍有變化，就可能導致未來幾天的天氣出現大變動。即便我們的感應設備極為精準，小小的誤差或是誤判，之後都可能會導致天氣預測嚴重失準。天氣是混沌造成的後果，以我們現有的科學與技術來說，要做到精準預測天氣，是太難以克服的問題。

即便是判斷天氣預測的精準度，都很複雜。例如，如果預報員說明天的降雨機率為30%，而且也真的下雨了，這表示他說錯了嗎？還是說30%是對的？或是另有解釋？因此，最公平的判斷標準，是布賴爾評分法（Brier score）：如果隔天沒下雨，那麼預報員得到的懲罰分數是30%乘以30%，也就是9%。假如真的

下雨了，那他得到的懲罰分數是70%乘以70%，也就是49%。一般的預報員平均的布賴爾懲罰分數約為15%到20%，這不算太糟，但也不算太好就是了。相較之下，預測某一天降雨機率是50%的預報員，得到的布賴爾懲罰分數是25%（無論是不是真的有下雨），這只比前面的49%糟一點而已。事實上，多數天氣預報服務都不會公開他們的預報史，因此，一般大眾也無法輕易評估他們的準確度（或是因為資料難以取得，而無從評估）。世界上所有的評斷方法只是確認了我們早就知道的事：預測天氣是一門難度頗高的科學，經常正確，也經常出錯。

因此，下一次你在傾盆大雨中坐在車子裡、而收音機又向你保證下大雨的機率是零（對，這是我的親身經歷），試著不要生氣，也盡量不要罵髒話。最重要的，請不要責怪機率學家。這不是我們的錯，要怪就怪混沌！

只有無知會導致隨機性……真的嗎？

傳統科學的核心信念是，只有無知才會導致隨機性。從十七世紀的牛頓時代以來，物理學一直由簡單的數學法則主宰。這些法則告訴我們，原則上接下來一定會發生什麼事。比如，根據棒球目前的位置和速率，這些法則可以預測這顆球會飛多遠、又會在哪裡落地。而這些法則也可以用來預測火星或金星的運動，而且是在好幾天、好幾個月，甚至好幾年前就預測出來。

就算是天氣這種敏感度極高、因此難以預測的混沌系統，古

典物理學也告訴我們，如果我們可以精準衡量空氣中每一個空氣與水的分子在哪裡，準確知道他們移動的速度有多快，而且有無限量的電腦，只要有需要就可以執行程式，那麼，**原則上**，我們也可以精準預測天氣。這種預測可能不是目前的科技所能及的程度，但理論上，這也只是比較複雜的飛速棒球與繞著軌道運行的行星。古典物理學家的信條可以總結如以下：「如果我們什麼都知道，原則上，我們就可以精準預測未來。」

然而，量子力學改變一切。根據量子力學，從最根本的層次來說，宇宙並非以固定的科學確定性在運作，而是靠著機率和不確定性。二十世紀初期，馬克思·玻恩（Max Born）、維爾納·海森堡（Werner Heisenberg）、尼爾斯·波耳（Niels Bohr）和埃爾溫·薛丁格（Erwin Schrödinger）等物理學家發展出量子力學。令人訝異的是，這套理論指出，物理學再也無法精準預測會發生什麼事。反之，物理學能判定的，只有各種結果出現的機率。舉例來說，一個環繞原子核運行的電子，可能處於幾種不同的能量狀態，每一種都有特定的機率值。

量子力學以一條公式：薛丁格波函數（Schrödinger wave function）的絕對值的平方，來決定機率值，這是一條可用科學方法精準計算的公式。但不管你多小心計算，不管你有多少部電腦，不管你能多精準衡量電子（在這方面，也可以說是宇宙中其他部分）目前的狀態，還是無法肯定地預測出接下來的情況，只能得出各個機率值。

量子力學更進一步，提出了海森堡不確定原理（Heisenberg

uncertainty principle）這條數學公式，來計算永遠都存在的不確定性有多高。這套理論說，無論你多麼精準衡量一套系統，不管科技多麼進步，在你觀察或預測的每一件事物中，永遠都會有某些預先存在的最低限度不確定性與隨機性。最讓人惱火的是，理論指出，這不可歸咎於無知。就算你可以重複一模一樣的實驗，使用相同的材料，根據同樣的條件進行，自然界中固有的隨機性仍可能導致結果大不相同。

這些概念震撼了科學的核心。幾百年來，科學向來緩慢但穩定地進步，從而愈來愈精準地去理解與預測這個宇宙。過去我們僅能猜測聲音能以多快的速度傳播、何時會再發生讓天空黯然失色的日蝕月蝕，但科學已經學會極精準地計算出這些事物。量子力學看來是踩下了煞車，告訴科學這趟追求精準的旅程要提早、且以讓人不太滿意的方式結束了。

若說「大自然最根本的層次本來就是隨機的」，這個概念完全違反了人們的常識。我們習慣了大型、簡單物體（比方說，在地板上滾動的球）會遵循明確模式，延續它們滾動的方向，並以不讓人意外的型態在撞到牆壁後彈回，這些物體的運動毫無隨機之處。

然而，量子力學告訴我們，這是因為大數法則之故。理論說，球裡面有幾十億、幾十億個分子，每一個的行動表現都是隨機的，但加在一起之後就完全可預測。因此，大自然的隨機性很小，小到我們看不出來也感覺不到，但規模小到難以想像的原子

與分子的運動本質上是隨機性的。（量子力學後來在某些大規模天文現象中也是很重要的一部分，包括黑洞的形成。）

就算大自然的隨機性基本上僅限於極小的粒子上，但問題仍在：這種隨機性如何產生？比如，根據量子力學，假設一個電子有三分之二的機率處於低能階，有三分之一的機率處於高能階。這表示，如果你能用極強大的科技來衡量電子的軌道，有三分之二的機率會發現其處於第一種狀態，有三分之一的機率會發現其處於第二種狀態。但誰決定電子處於哪一種狀態？是有一個全能者監看每一個電子，以丟銅板或擲骰子根據正確的機率做出選擇嗎？還是說，這些選擇是像變魔術一樣出現的？

坦率的答案是，即便人類應用量子力學已經將近一世紀，我們仍不知道。確實，量子力學的結論目前廣泛用於許多現代科技上，從微波爐到電腦用電晶體，再到聽起來很有未來主義的「量子運算」（quantum computing）概念（這是指確實應用量子力學法則，來加快運算速度的電腦）都看得到。然而，量子力學的機制實際上是如何運作的，仍然是謎團。

最早由普林斯頓大學研究生休・艾弗雷特（Hugh Everett）提出的多世界理論（many worlds theory）認為，每一次量子力學做出牽涉隨機性的選擇時（例如，電子要處於低能階、還是高能階），事實上是**兩者**都選，創造出兩個不同的宇宙，每一個各容納兩種可能結果的其中之一。根據這套理論，與其說有三分之二的機率處於低能階，我們應該說，有三分之二的機率，你會出現在對應低能階的宇宙中。大自然並沒有在兩種可能性中擇一，而

是兩個都選，並且是在兩個不同的宇宙中。因為科學無法偵測到另一個宇宙，因此無法證明或反駁這套理論。但這也沒有解決問題，我們仍不知道誰決定出現什麼結果、或者說，你最後會出現在哪個宇宙。

量子力學中固有的隨機性與古典科學大相逕庭，很多偉大的科學家都不認同。提出相對論的愛因斯坦對於革命性的新概念絕不陌生，他那套相對論扭轉了我們對於時間、空間和地心引力的認知。就連他，都質疑到底大自然是否真是隨機的。1926年，愛因斯坦寫了一封信給波耳，他以德文寫下一句很有名的話：「Jedenfalls bin ich überzeugt, dass der nicht würfelt」，意為「我相信祂（上帝）不跟宇宙玩擲骰子。」愛因斯坦（他並非虔誠的教徒）指出，自然法則必定能以精準、決定性的數學來描述，沒有任何做選擇、不確定，或是隨機性存在的空間。這些法則非常複雜，我們從來無法完全理解，但是應該避免提及機率或是未知的因素。雖然愛因斯坦確實認同很多量子理論的結論（而且，他1905年時針對光電效應〔photoelectric effect〕做出的解釋，某種程度上也代表了量子力學的濫觴），但他絕對不接受其中的固有隨機性，以及所謂丟骰子這種事。

令人心碎的評分

你很難過，因為你看到你那篇關於莎士比亞的論文才拿到勉強及格的分數。在此同時，你最要好的朋友艾美，她也寫了

一篇類似的文章交給同一位老師，她拿到了七十幾分。怎麼會這樣？為什麼藍恩老師給艾美的分數比你高？

在絕望當中，你聘用了陰沉尚恩當偵探，替你找出更多資訊。尚恩安安靜靜地跟蹤藍恩老師回家，在黑夜裡從她的窗外窺探，看著她替下一批作文評分。之後他來向你報告。

尚恩說，以下是我所見：藍恩老師快速瀏覽一下每一篇作文，然後拿出一顆六面的骰子，在茶几上丟了起來。她會看一下結果，並用大大的紅筆在作文上寫上分數，然後就把作文放到一邊。她所有的作文都用這種方法打分數，非常快速就完成評分的工作。

你輕輕哭了起來，深感震驚、難過，覺得被背叛了。你堅持，不可能有這種事。陰沉尚恩一定看錯了，你哀號著說，藍恩老師不可能用丟骰子來決定分數！

愛因斯坦說，上帝不擲骰子，這句話變成反對量子力學的中心思想者的共同口號。他們堅持，一定有「隱藏變數」，實體粒子裡一定有一些小小的指示，告訴自然界要怎麼選。他們承認，我們可能還沒找到這些小小的指示，但總有一天會找到，到那時，就可以解釋自然界的選擇了。量子力學的機率就和其他所有不確定性一樣，都是出於我們的無知。在這裡，是我們對於看不見的小小隱性指示一無所知。

隔年的一場大型研討會上，波耳很鄭重地說，愛因斯坦不應該再告訴上帝要做什麼了。這場爭論延燒起來，兩邊都熱血澎

湃。1960年代中期，愛爾蘭的物理學家約翰・貝爾（John Bell）提出了某種程度上算是化解之道的辦法。他證明了一條數學定理，這條定理展現了實驗中觀察到的基本粒子性質，並不能透過局部隱藏變數（local hidden variable）存在來解釋。局部隱藏變數就是告訴大自然該怎麼做選擇的小小指示。不過，貝爾定理並沒有排除非局部隱藏變數存在的可能性，這是指，大自然並非隨機做出選擇，而是根據宇宙中遙遠他處的主體明確定義的規則來決定。但這樣的解釋，看來比真正的隨機性更違反直覺。

貝爾的研究，加上各式各樣的物理實驗，說服多數物理學家，量子力學講的隨機性必然真有其事，並沒有什麼隱藏的指示。相關的辯證仍在持續，有些科學家仍寄望能出現非隨機的解釋來說明大自然的運作。但以大多數來說，科學界已經同意，大自然在做基本選擇時，某種程度上真的是應用隨機性。

活在真正隨機的世界

身為科學家，我和大家一樣，對於量子力學裡講的隨機性感到坐立難安。但身為機率學家，我還蠻喜歡這個概念的。畢竟，量子力學指出，機率理論不只是衡量我們有多無知的指標，也是自然的基本法則。這樣一來，理解機率與不確定性就變得更重要。

當然，量子力學的隨機性也有實際益處。比方說，電腦程式需要亂數，才能做出從電玩遊戲到蒙地卡羅實驗等等一切。而電

腦通常也必須屈就於只是偽造隨機性的虛擬亂數。但量子力學能為我們提供真正的亂數（直接來自大自然的隨機選擇）。事實上，有許多網站，像是HotBits，都免費提供由蓋格計數器（Geiger counter）透過衡量量子力學輻射現象、所收集而來的真實亂數序列。

雖然在電腦模擬上用真正的亂數還不普遍，因為生成亂數的速度太慢，而且會出現什麼數字的機率未必清楚。但這些序列是讓人很興奮的替代選擇，可以取代虛擬亂數。此外，這些序列更讓我們可以連結到真正、真實且無庸置疑的隨機性，而它們顯然也是自然界內在運作的基本要素。

17

準備好了嗎？來場期末考
用機率觀點，高分 PASS 吧！

現在，你已經成為機率觀點的專家，可以來考期末考了。

一、你和朋友戴夫一起打網球，你知道他的球技沒有你好，但今天什麼事都不對勁：你滑了一跤踩進水坑，幾次最漂亮的擊球只飛了短短的距離，他有兩次反手拍剛好落在網前。而且，陽光很刺眼，還有，你還頭痛。也因此，你輸了這場球賽。你是：

（一）棄械投降，永遠不再打網球。

（二）深感絕望，覺得自己被詛咒，一生都會歹運連連。

（三）安排戴夫碰上一場「意外」，這是你唯一能打贏他的辦法。

（四）你對戴夫建議，你們再打十場網球、而且是分成十天打，因為長期來說，「運氣因素」會互相抵銷。

二、你和先生外出用餐，你先生誇口說他可以分辨出可口可樂和百事可樂的差異，也正確地說出他現在喝的是百事可樂。你是：

（一）認同你先生真的能夠分辨兩種可樂的差異。

（二）敬佩你先生的味覺細緻敏銳。

（三）建議你先生朝專業品酒師之路發展。

（四）各倒五杯可口可樂與百事可樂，隨機擺放，看看你先生能不能正確辨別出所有飲料。這樣一來，他的p值（這是他憑運氣猜對的機率）就會小於5%。到這個時候，你才終於相信他有特殊天賦。

三、有一位不可思議保險公司的業務員來找你，要你替你的烏克麗麗投保。他告訴你，他們公司的保單條款很慷慨，永遠符合保戶的利益。你是：

（一）趕快購買，免得他改變心意。

（二）擁抱他，因為他是這麼慷慨大方的人。

（三）仔細考慮，然後判定你應該買，因為保險是明智的選擇。

（四）你注意到保險公司的獲利率很可觀，因此斷定：保險公司收到的錢比付出去的多。你決定，唯有當損失烏克麗麗，會害你面臨嚴重的財務窘境，才應該去買保險。

四、你從事的不正當交易害你惹禍上身，黑幫頭子更發出了懲罰令。「從現在開始的一年內，我會丟這十顆骰子，如果每一顆都出現『5』點，我們就會追殺你，把你碎屍萬段。不然的話，我們就會放過你。」你是：

（一）把接下來的一年都花在哭號和顫抖上，未來完全無望。

（二）現在先自殺，不用把無可避免的結果往後拖。

（三）報名參與太空計畫，希望可以逃到火星躲黑幫。

（四）你發現丟十顆骰子、每一顆骰子都要出現「5」點的機率，等於六分之一自乘10次，這個機率小於六百萬分之一，因此你根本沒什麼好擔心的。

五、你身在人潮擁擠的派對上，一手捧著一盤食物，另一手端著一杯酒。有一位和善的生意人向你打招呼，過來要和你握手。你唯一能指望的是，酒杯可以穩穩放在附近的窗台上，你估計，酒杯放在那裡只有5%的機率會翻倒。你是：

（一）就這麼做，放穩酒杯，並很滿足於95%的時候你會安然過關。

（二）去冒不必要的險，在接下來的一個小時裡都把酒杯放在窗台上。

（三）你多做了一件事，勇敢地宣告：「這寶寶不可能會跌下來的！」

（四）你注意到地毯是白色的，萬一酒灑出來，負效用值將

會極高。就算機率僅有5%，但也已經足以抵銷和這位生意人握手帶來的小小愉快，因此你決定還是握好酒杯，對他投以微笑即可。

六、政治人物狡猾斯賴德說，你應該要支持他，因為他是可以對付最近廚房流理台阻塞事件嚴重暴增的人。你會：

（一）絕對會投給斯賴德先生，並想盡一切辦法替他拉票。

（二）捐贈幾千美元政治獻金，幫助斯賴德先生競選。

（三）把你的後半生都花在抱怨水槽油垢這等罪惡麻煩事。

（四）先要求對方提供，你所在社區一年內的每流理台阻塞率，以判斷這種事是不是真的有增加。

七、你買了一件五彩繽紛的新外套，今天第一次穿。這一天，你遇見很多同事與朋友，其中有三個人讚美你的新外套很好看。你是：

（一）恭喜自己衣服買得很對。

（二）多買幾件類似的外套。

（三）入行成為時尚顧問。

（四）你知道人們通常不會說出反對意見。因此，這三人的讚美是有偏差的樣本，很有可能其他也遇見你的人，對你的穿著有比較負面的看法。

八、你丈夫說他六點會回家吃晚飯，但現在已經快六點半了。他

人會在何處？你是：

（一）打電話給警察，通報失蹤人口。

（二）召集一些朋友，一起安靜地懷念你先生的人生和正能量的人格特質。

（三）假設你先生已遭人謀殺，組織一群人，用盡一切辦法為他的死復仇。

（四）明白最可能的解釋是你先生塞在車陣中動彈不得，於是你把晚餐拿去保溫，順便看一下電視。

九、你在打撲克牌，並判定，只有下一張牌拿到黑桃 A 才有可能贏。你是：

（一）閉上雙眼，雙腳腳跟互碰，心裡默念三次：「黑桃A，拜託！」

（二）大聲咆哮、怒目瞪視、調整你的牛仔帽，然後抽一口雪茄，迫使黑桃 A 現身。

（三）列出所有結局是英雄在需要時，都會拿到黑桃 A 的好萊塢電影。

（四）明白所有還沒看到的牌出現的機率都相同（因此，任何一張特定的牌出現的機率都很低），於是在你輸得一乾二淨之前先蓋牌走人。

十、你辦了一場晚宴，安排七點鐘要開始，你正在做一種很特別的奶油白醬，需要煮上整整七分鐘，然後要馬上上菜。你

是：

（一）在六點五十三分時準時開始烹煮醬汁。

（二）慎重地發誓你一定會準時在七點鐘上菜，什麼事都無法阻礙你。

（三）你發下重誓，如果賓客的醬汁沒有煮到完美，你會切腹自殺。

（四）你想到賓客赴宴的時間有很大的誤差範圍，所以最好晚一點再煮，在等遲到的客人時先上一點開胃菜，等到每個人都來了才開始煮醬汁。

十一、你拿了一串葡萄，開始吃了起來。你知道大部分的葡萄都很美味，但其中有幾顆很酸，很難吃。另一方面，把一顆酸葡萄和幾顆甜葡萄放在一起吃，也不算太糟。你是：

（一）希望這一串葡萄裡面都沒有酸的。

（二）丟開這些葡萄，因為你一想到會吃到酸的葡萄就覺得受不了。

（三）慢慢地吃葡萄，一顆一顆吃。你發誓，如果吃到一顆酸葡萄，你會「像個男子漢一樣吃下去。」

（四）一次吃三顆葡萄。理由是，即使其中一顆是酸的，所造成的一點點負面效用，跟一次吃到三顆甜葡萄所帶來的巨大正面效用相比，算是微不足道。

十二、一年內，汽車的價格上漲了8%，巧克力蛋糕的價格也上

漲了8%，你是：

（一）對於這兩種商品的價格如此相關表示驚訝。

（二）展開調查，檢視汽車產業與蛋糕產業之間不為人知的
關聯。

（三）猜測汽車其實是用蛋糕做的。

（四）想起有相關性不代表就有因果關係。事實上，這兩者
並沒有誰引發誰漲價，而是通貨膨脹造成的。

十三、有一檔共同基金標榜他們三年前的股市投資獲利豐厚，你
是：

（一）向基金經理人致敬，盛讚他是金融天才。

（二）立刻把你一輩子的積蓄都投入這檔基金。

（三）伸向你的沙發坐墊縫隙，把所有的零錢都掃出來拿去
投資。

（四）記起任何一年有獲利很可能只是運氣好而已，於是要
求對方提供最近年度的績效表現，藉此取得更精準的
指標，看看這檔基金的真實潛力。

十四、你看到一場由自稱靈媒的人所做的表演。他說他可以感應
到超自然的聯繫，並問第一包廂裡的觀眾，最近有沒有誰和
一位名字以「J」開頭的人起衝突。一位中年女子舉起手，
而且很震驚，她承認她上個星期和兒子傑洛米（Jerome）大
吵了一架。你是：

（一）對於這位靈媒不可思議的力量感到十分驚奇。

（二）走出去，買下這位靈媒的所有著作。

（三）聘用這位靈媒幫助你化解你悲慘生活中的所有衝突與困惑。

（四）你發現，第一包廂裡有幾百位觀眾。而在這麼多人當中，每一個都認識某個名字以「J」開頭的人，而且以「J」開頭的名字很常見，爭吵也是人之常情。靈媒純粹是運氣好做出正確的預測，一點都不需要訝異，也證明不了什麼。

十五、距離你的特別日子還有四個月，你發出了300封喜帖給親朋好友，不管他們是遠在天邊，還是近在眼前。你假設約150到200人會過來。第一個星期，你收到27個人回覆，全部都說要來。你是：

（一）恭喜自己，大家都這麼喜歡你。

（二）假設這300位受邀賓客都會來，改訂更大的宴會廳。

（三）預期有一大群仰慕者會守在外面，在你完成婚禮要離去時，希望能一睹你的風采。

（四）明白到目前為止，多數回覆的都是住在附近的人，這些人比較可能會來。因此，以這些人作為樣本是有偏差的。隨著更多住較遠的人回覆，參加的比率一定會下降。

你可能已經明白，在每一題中，（四）才是正確的答案。（警語：我在大學裡出的考題不會這麼簡單。）只有第四個選項，才代表真正理解機率理論的原則與洞見。

如果你每一題都答（四），那麼，這位朋友，你現在已經掌握相關知識，擁有力量，具備了機率觀點。請善加利用，用這樣的觀點更深入了解這個世界，用這樣的觀點來避免恐懼，用來找點樂子，用來做出更好的決定。

機率觀點絕對無法取代其他重要的思考技能與決策方法，比方說直覺、惻隱之心、意志力、榮譽，以及平平凡凡的常識。但這讓你多一種工具，使你更理解世界的隨機性，以及你在其中的位置。

┃ 謝辭

　　很高興能在此感謝許多人，是他們讓本書得以成形。小時候，家人培養了我對於機率和數學的興趣，包括我的父母海倫（Helen）與彼得（Peter）；我的兄弟艾倫（Alan）和麥可（Michael）；我的爺爺奶奶外公外婆、叔伯舅舅、阿姨姑姑和表親。日後，讓我在這方面的知識大為精進的，是那些在沃本高中（Woburn Collegiate）、多倫多大學（University of Toronto）以及哈佛大學教導我數學的恩師們，包括我的博士班指導教授珀西‧戴康尼斯（Persi Diaconis），和多位研究夥伴，尤其是加雷恩‧羅伯茲（Gareth Roberts），以及多位給我支持的同事，包括系上的客座同仁吉恩‧法伯茲（Gene Fabes）、麥可‧伊文斯（Mike Evans）、南西‧蕾伊德（Nancy Reid）和凱斯‧奈特（Keith Knight）。此外，還要感謝研究所與大學部的學生，多年來與我交流互動。

　　在接受幾次媒體訪談之後（包括加拿大《環球郵報》〔*Globe and Mail*〕的莫瑞‧坎貝爾〔Murray Campbell〕、加拿大環球電視〔Global Television〕的萊斯利‧羅伯茲〔Leslie Roberts〕和安大略電視台〔TVOntario〕的瑪莉‧伊托〔Mary Ito〕），鼓動了

我想和大眾溝通交流的興趣。而我在兩場多倫多校友聚會活動上發表演說得到的回饋，也發揮了作用。此外，我很幸運能和一個家裡有作家、記者、編輯、電視節目製作人的家族聯姻，他們的觀點與洞見，對我很有幫助。我特別感激我的繼岳母、也是記者的潔拉婷·雪曼（Geraldine Sherman）給我的慷慨協助與持續不斷的鼓舞，少了她，我就寫不出這本書。

我要感謝我的編輯吉姆·吉佛德（Jim Gifford），我的經紀人比佛莉·絲珞朋（Beverley Slopen），也要感謝凱文·韓森（Kevin Hanson）、阿卡·詹森（Akka Janssen）、艾蕊絲·徒佛姆（Iris Tupholme）、大衛·肯特（David Kent）、印恩·考茲（Ian Coutts）、諾爾·西瑟爾（Noelle Zitzer）、安·海洛威（Anne Holloway）和羅伊·尼柯爾（Roy Nicol），謝謝他們很早期就相信這個寫作計畫會成功，也感謝他們在我從初始概念到最終成書這條漫漫長路上，為我提供寶貴的協助和建議。

在科技方面，我非常感謝公開原始碼電腦社群，讓我可以免費取用強大又可靠的電腦軟體，例如GNU/Linux作業系統、C程式語言、R語言統計分析套裝軟體，以及TeX數學格式化系統。我也感謝很多圖書館員、工作人員與各大機構，幫助我找到各式各樣的統計數據。

最重要的，我了不起的妻子瑪格麗特給了我大量的情感、實務、技術、智慧和編輯上的支持，讓我受益良多，我要把這本書獻給她。沒有她，我的成果將會少很多，幸福快樂也會少很多。

後記一

象牙塔外的人生

　　《人生的局，機率有解》剛出版時，我不知道該期待什麼，雖然之前我也寫過教科書，並以數學家和統計學家為對象撰寫研究論文，但這是我第一本為一般大眾所寫的書。會有人去讀這本書並樂在其中嗎？本書能幫助讀者養成機率觀點嗎？還是說，我這本書進入了市場，然後在幾乎不激起一絲漣漪之下就絕版？而為一般大眾寫書對我的學術生涯又有何影響？

　　我很開心的是，這本書非常成功，出版了好幾刷，登上暢銷書排行版，在九個國家出版並翻譯成六種語言，還得到很多熱情的書評。本書要傳遞的訊息，是機率和不確定性乃人生很重要且無可避免的部分。而對其運作原理有基本認識，能幫助我們走得更長遠。看來，這真的打動了很多人。

　　《人生的局，機率有解》引來很多媒體關注：出版後前四個月，我接受三十九場電台訪談、十三場電視訪談、四場平面媒體訪談，還有一些讀書會以及相關活動。我一天到晚和各式各樣的

人談機率以及不確定性，從簡短的珠璣妙語到深入訪談，從開放大眾打電話進來聊的節目到互動式的科學小短劇，從清晨的綜藝節目到深夜的簡報，我面對了熱情的民眾，也有攻擊性很強的提問者。

出現在大眾眼前，對我來說是一大改變。我過去十年的教授生涯，大致上都忙於研究以及盡職教學，在專業上的往來對象主要限於一小群專攻馬可夫鏈蒙地卡羅演算法的專家，以及只有他們想要爭分數時，才會注意到我的心不在焉大學生（但還好的是，也有一些懂得欣賞的學生。）

> 個別數字有差，但百分比是固定的，統計學家如是說。
> ——亞瑟．柯南．道爾爵士（Sir Arthur Conan Doyle），
> 福爾摩斯故事集的作者

本書出版之後，各地讀者不斷傳來電子郵件，有恭維，有提問，有反對，有佩服，也有人提供一些軼事傳說。我收到很多演講邀請，有些多年未見的朋友也會告訴我，他們在雜誌上或電視上看到我。這是一趟有趣又刺激的旅程。

而受到「外面的世界」矚目，回過頭來又讓我任職的大學用新的角度注意到我。我從無名的統計學家變成很方便就叫得到的演講人，要求我出席很多大學活動。我也受邀去多倫多大學校長

擔任主席的委員會演說（期間我開玩笑說，如果我講得不好，可能會被開除）。

當然，我的名氣如曇花一現很快會過去，我終將回到之前被專業人士與沒給好臉色的大學生包圍的環境。但我到底將回復到什麼狀態？一向對於把學術素材普及化感到懷疑的學術界，會不會覺得這本書把這個主題寫得太小了，還耗掉太多該做研究的時間，從而降低我的專業信譽嗎？還好，就算有人有這種感覺，他們也沒說出口。事實上，欣賞我努力把觸角伸入大眾的統計學家，多到出乎意外。

後來，我獲得CRM－SSC統計獎，得獎的理由是「表彰一位統計科學家在獲得博士學位後，十五年內創造出的專業研究成就。」而頒發這個獎時，也正面提到了這本書，指「以寓教於樂的方式，讓一般大眾接觸到統計和機率。」說起來，《人生的局，機率有解》可能完全無損我的學術生涯。

後記二

走進「機率思考」的世界

本書出版之後，機率的世界仍全速前進，以下是後續發展。

彩券與飛機

2005年10月26日，加拿大649彩券（Lotto 6/49）宣布頭獎至少有四千萬加幣，大家對彩券的興趣也因此大增，排隊買彩券的人一直排到街角。在二十四小時內，我接受了八場和樂透有關的電視電台訪談。

出乎我意料的是，許多人真心認為他們很有機會贏到大獎。有些人知道他們中頭獎的機會大約是一千四百萬分之一（精準的數字是1,398萬3,816），但他們無法（從根本上）理解這樣的機率到底有多低。

對飛行的恐懼情況也很類似。多數人都聽過飛機很安全這種話，但很多人也懷疑，當你正在飛機上經歷亂流、心生恐懼時，

統計學能幫上什麼忙。即使每250萬班商用航班中，僅有一班會發生死亡意外，他們對這個事實也無動於衷。這引發了一個問題：要怎樣說服人們搭機喪命的機率，就像贏得頭彩一樣，都是低到根本連想都不用想？

類比有用。比方說，你下一次搭飛機會遭遇死亡意外的機率，就好像一位被隨機選中的加拿大成年女性，在接下來八分鐘會分娩一樣高。如果你每個星期都要搭一次飛機，你大概是每五萬年才會搭上一次死亡班機。

> 稍微算一下機率，好過一直擔心這、擔心那。
> ──詹姆士・桑柏（James Thurber），美國幽默大師

同樣的，如果要把一張649彩票會中頭獎的機率拿來做比較，大概是你明年內被閃電劈死的機率的三倍；隨機選中的某個加拿大人在一天內成為總理的機率的四倍；你為了買彩票，在市區內開車跑來跑去、然後死於車禍的機率的兩倍；隨機選中的一名女性此時此刻就要分娩的機率的三倍。

這些比喻有沒有把飛機失事和中頭彩的機率有多低講清楚？對我來說，有。致命班機的相關統計數據，讓我從緊張的乘客變得很從容。（當然，我也擔心抵達時間會延遲，但這是另一個問題了。）還有，我也很確定我不會中樂透頭彩，因此我根本不買

彩券。

然而，統計數字真的要能緩解你的恐懼、影響你的行為，不光是腦子知道數字就夠了，你的心也要能感受到才行。

下一個大開殺戒的病毒？

2005年10月、11月，人們對禽流感的恐懼來到最高點。每一則報導似乎都在警告我們快要完蛋了，每個人都會得病，只是早晚而已，請盡量享受所餘不多的人生吧。有一位醫生很陰沉地對我說，未來五年內，有四分之一的加拿大城市居民會死於禽流感。

到了2006年1月，關於禽流感肆虐的報導，大致上已經消失。這並非因為威脅降低了。事實上，隨著禽流感從亞洲蔓延到歐洲，某種程度上可以說是更危險了。媒體之所以不再炒熱這個話題，是因為他們已經疲乏，興趣轉向其他話題。一如往常，新聞媒體大肆報導，不代表發生問題的機率就很高。

那麼，接下來幾年，人類會被致命病毒踐踏的機率有多高？要給出精準的機率很難，但我們至少有兩種合理的機率方法，來回答這個問題。

第一種方法是歷史法。過去確實曾經發生過很嚴重的疫病，比方說1918年到1919年的致命性流感，和十四世紀的腺鼠疫。新聞媒體也大肆報導很多疾病，例如SARS、西尼羅病毒（West Nile）和伊波拉（Ebola）等等，號稱是未來的全球殺手。這些疾

病大部分最後並沒有大開殺戒。光是這個理由，我們就可以指出，禽流感不太可能是下一個大殺手。

> 統計學是在面對不確定性時，一套做出明智決策的方法。
>
> ──艾倫‧沃利斯（W. Allen Wallis），美國前國務次卿

至於第二種方法是，就像書中提到的，疾病通常都是透過自我複製系統再生。而繁殖率要大於一，疾病才會一傳十，十傳百，最後無人倖免。

但在我寫作之時，致命的禽流感病毒H5N1主要是由鳥禽傳染給人，而不是人傳人。這表示，基本上這不是一套自我複製系統，更不是一套複製數目很大的系統。如果情況依然不變，我們得要好好保護自己，萬萬不可接觸鳥禽。當然，要做到這一點會很困難。但我們不用擔心身邊的人會互相傳染，也不用怕這是另一次自我複製的全球疫病。

也就因為這樣，流行病學家把心力花在憂心H5N1可能會突變，成為另一種致命率同樣高、但是會直接透過人傳人輕鬆傳開來的病毒。這種疾病就會是自我複製的系統，而且，其複製數目很可能大於一。如果是這樣，就可能變成流行疫病。而且，確實有機會發生這種事，就好像愛滋病有一天也有可能變異成空氣傳

播的病毒，跟普通感冒一樣容易傳播。但這種事目前還沒有個影，也沒有強力的證據支持出現這種情況的機率很大。就算H5N1變異成人傳人，適當的應變行動和隔離措施，應該有辦法把其繁殖數目壓在一以下（SARS最後就是這樣）。

　　所以說，我不太擔心禽流感。我認為，禽流感變異成人類之間很容易傳播的病毒、繼而在短期內讓很多人病死的機率相對很小。當然，我可能猜錯。還好的是，如果我錯了，那麼，大家都會忙著對抗這種可怕的大流行病，不會記得一個機率學家的錯誤預測！

> 統計學之於棒球，就像派皮之於媽媽的蘋果派。
> ——哈利・里森納（Harry Reasoner），
> 美國《六十分鐘》（60 Minutes）節目新聞工作者

這絕對不是蒙提霍爾問題

　　2005年12月19日，有一個很受歡迎的新遊戲節目《一擲千金》（Deal or No Deal）在美國首播。遊戲中會有26個手提箱，裡面各有一張記載著金額的憑證，數目從1毛錢到100萬美元。參賽者選擇一個箱子但不能打開，沒有被選中的箱子會輪流打開，讓大家看裡面的金額是多少。時不時，節目會提議給參賽者

一筆錢，他可以接受，然後拿錢走人。如果參賽者拒絕接受所有提議，等到其他箱子都開完之後，他就會拿到最初選中那個箱子裡的金額。

這個問題和我在《人生的局，機率有解》書裡討論過的蒙提霍爾問題有很多共同點。在這兩種遊戲情境中，參賽者都選擇了一個未知項（一個箱子或一扇門），其他的未知項會被揭露，參賽者必須決定要堅守原本的選擇，還是要換。但這種表面上的相似性，也可以延伸到涉及的機率嗎？

假設已經開了24個箱子，剩下的兩個箱子裡面一個是1美元，一個是100萬美元。那參賽者選到放了100萬美元箱子的機率有多高？

如果你很熟悉蒙提霍爾問題，你可能會認為機率僅1/26，另一個箱子放著百萬美元的機率是25/26。這是對的，但就像蒙提霍爾問題一樣，前提是主持人知道百萬美元的大獎放在哪個箱子裡，而且很小心地不要太早開到這個箱子。

對《一擲千金》的參賽者來說，幸運的是遊戲並非如此設計。相反的，主持人並不知道箱子放了多少錢，是參賽者選擇接下來要開哪一個箱子。因此，《一擲千金》可能跟很多東西很像，但絕對不是蒙提霍爾問題。（關於如何用比較數學的方式，來討論兩者的差別，請參見我的文章〈蒙提・霍爾，蒙提・掉了，蒙提・爬走〉〔Monty Hall, Monty Fall, Monty Crawl〕，www.probability.ca。）

這表示，在《一擲千金》節目中，就算開了一些箱子，其他

尚未揭曉的金額，出現在任一未開箱子內的機率是一樣的。因此，所有決策都要以此為基礎。

所以，如果最後剩下1美元和100萬美元的箱子，代表參賽者一開始選的箱子裡有50%的機率是百萬美元。因此，只要節目提議給的金額低於50萬美元，那參賽者就應該抱緊箱子，露出微笑，打從心裡喊出「不要」。

難道，迎來了世紀驚悚新紀元？

暴力犯罪率（包括謀殺）過去十五年來，已經明顯下滑（與許多人宣稱的相反）。然而，2005年讓這樣的趨勢出現例外：與前幾年相比，多倫多市的謀殺率提高了。

之前根本沒這回事時，媒體就已經穿鑿附會地大談犯罪率提高，如今的報導更是讓人絕望。由於謀殺案「大幅」增加，再加上「讓多倫多浴血的槍枝」，多倫多已經「失去了純真」。但是，數字到底說了什麼？

注意到多倫多2005年的謀殺案遠少於1991年，及每年死於車禍的人遠多於被謀殺的人，可以給我們一點啟示。此外，多倫多的謀殺率仍低於美國大部分的城市，甚至也比很多加拿大的城市低，包括溫尼伯（Winnipeg）、艾德蒙頓（Edmonton）和雷吉納（Regina）。

若從近期的趨勢來看，多倫多和槍枝有關的謀殺案件數確實大增，從2004年的27件到2005年增為52件（增幅達93%，顯然

大多數都是因為幫派間的械鬥增加了）。此外，謀殺案的總數
（包含所有類型）也確實增加了，從原本的64件增為78件，增
幅達22%。

> 生活就是一所機率學校。
> ——沃爾特·白芝浩（Walter Bagehot），英國作家

因此，我們可以憂心忡忡，指使用槍枝的人變多了，這預示
了可怕的新紀元。或者，我們也可以抱持無可救藥的樂觀主義，
強調與槍枝無關的謀殺案減少了（從37件減為26件）。然而，
最持平的做法，是聚焦在謀殺案的總數以及22%的增幅上。

這個數字足以讓我們有理由去擔心可怕的罪行增加了嗎？絕
對是。

足以支持我們需要消滅槍枝與犯罪、建構穩健的司法體系、
提供更好的社會服務，與採取其他合理的因應之道嗎？絕對是。

但這是否就像某些新聞報導要我們相信的，代表了多倫多這
座城市的本質出現了突然、基本且不可逆的改變？絕非如此。

寫到這裡時，多倫多已經回到正軌（如果目前的趨勢繼續的
話），2006年的謀殺案件已經少於2005年了，而且少於1999年
以來任何一年。有多少媒體報導多倫多今年的謀殺率下降了？
零。

民調差很大，有解嗎？

2006年1月23日加拿大舉行聯邦選舉，各種「p」都備齊了：有政治人物（politician）、黨派主義者（partisan）、名嘴（pundit）、民調機構（pollster），而且至少還有一位機率學家（probabilist）。三家頂尖的民調機構：策略顧問公司（Strategic Counsel）、艾克斯民調公司和SES研究公司（SES Research）幾乎每天都提供民調結果，其他幾家公司如迪賽馬研究公司（Decima Research）、益普索里德（Ipsos-Reid）和萊傑市場調查公司（Léger Marketing）不時也會加入。而在這八個星期的選舉期間，發布的選舉民調超過百項。

這些民調大部分都認同彼此的結論，講出了相同的故事。在選舉活動的前半段，選民的意見基本上與前一次選舉（2004年）相同。也因此，得出的預測是自由黨將再度勝選，拿下37%的選票，相比之下，保守黨得票率約為30%。接著，大約在元旦時，選民的意見出現巨變，保守黨拉開了一定的距離，之後他們就再也沒輸過了。故事結束。

然而，這裡出現一個異常現象。選前七天，策略顧問公司發布了一項民調，指保守黨得到42%的支持率。相比之下，自由黨為24%，兩邊差了18%。他們宣稱：「根據這樣的數字來看，將會形成一個多數政府。」

在此同時，當天或前一天發布的民調都顯示，保守黨領先的幅度小很多：艾克斯指保守黨領先，比數是36%對30%，SES說

是37%對30%，迪賽馬做出來的結果是37%對27%，益普索里德則說是38%對26%。怎麼會這樣？怎麼會有一項民調的勝差達到18%，另一項（艾克斯）做出來卻只有6%，兩者整整差了12%。特別是，這兩家都宣稱誤差範圍只有3%？

民調常有限制，像是受訪者不接電話或是拒絕回答問題、不說實話、日後改變心意或是根本不投票，這些因素都一體適用到所有民調結果。然而，儘管這或許可以解釋為何民調結果和真正的選舉結果有出入，但無法說明為何不同的民調差這麼多。

> 但對我們而言，機率就是人生指南。
> ——喬瑟夫·巴特勒（Joseph Butler），英國杜倫主教

既然上述的民調限制不能解釋歧異，那要用什麼來解釋？記者想要答案，而我想出了四個：

一、選舉民調中的誤差範圍，指的是個別政黨的支持度，而不是兩個政黨之間的差距幅度。因此，與其把領先18%和領先6%拿來比較，我們應該比較的是，民調中保守黨的支持度是42%、另一項民調是36%（或者，可以拿自由黨的支持度24%和30%來做比較）。這樣一來，馬上把兩項民調的差異從12%縮小為6%。

二、不同民調之間的差異，是他們各自誤差的加總。比方說，如果保守黨的支持度確實是39%，策略顧問公司估計42%，艾克斯公司估計36%。那麼，兩者的誤差就不是6%，而是各3%，大致上等於他們的誤差範圍。

三、不管怎樣，誤差範圍都是「20次裡有19次」。這表示，在20次裡，民調會有一次估錯，超出他們的誤差範圍。發布的民調很多，因此，在某個時候，單純因為運氣不好，一定會出現「20次裡的一次」。這完全無需訝異。

四、即便有以上這些解釋，理論上，不同的民調在進行調查時很可能摻入了某些系統性的偏差。有可能他們是在一天裡的不同時段打電話，因此接觸到的橫斷面加拿大人樣本（cross-section；按：橫斷面研究指在某個時間點，收集並分析不同受訪者資料。像是民意調查，就只是在某一個時間點調查選舉人口的看法，無法類推到最後結果）就不一樣，也有可能他們的電話號碼是從不同來源拿到的，或他們在考量心意未決的選民時用了不同的方法。或者，有可能他們的研究人員支持特定的政黨，在提問時不小心洩露出來了。

我不太認為最後這個原因真的會成立。一流的民調機構非常專業，基本上會消除這些可控制的偏差。因此，我把賭注押在其他的解釋上。這些誤差並不像一開始看起來這麼大，是因為運氣不好，找到的是母體裡的非尋常樣本。

> 很確定的事實是，一旦我們無力判斷什麼是真的，我們
> 必須遵循最可能的。
>
> ——笛卡兒，法國哲學家兼數學家

　　我知道，從大數法則來看，要減少民調誤差，最好的辦法是把所有民調加在一起平均，這樣一來，就相當於創造出更大的樣本。而把那兩天的民調平均起來，保守黨的支持率約為27%到38%，這強烈指出艾克斯公司的民調相當準確，策略顧問公司的民調則遭遇了「20次裡有一次」的運氣不好。

　　可惜的是，民調公司和新聞媒體僅把重點放在自己的民調結果上。《環球郵報》（這家報社和加拿大電視公司〔CTV〕一起贊助策略顧問公司的民調）很有信心地發布出人意表的42%對24%勝差預測，暗示保守黨將贏得大多數選票，完全忽略了其他民調。艾倫·葛瑞格（Alan Gregg）是策略顧問公司董事長，也是加拿大最出色的民調專家之一，他很簡單地宣稱：「無須多說，我們支持自己得出的數據。」他們不做把各個民調拿來平均這種事。

　　然而，實際選舉時，保守黨拿下36.3%的選票，自由黨得票30.2%，極為接近艾克斯公司做出來的民調，和策略顧問公司的結果就差比較多。保守黨小勝，而不是大勝。正如我預期的，選前民調的平均值確實是非常準確的預測值（不過，自由黨的支持

率從27%增為30.2%，顯然代表選民的投票意向在最後一刻有些微轉變。）

> 機率，是世界上最重要的科學。所有科學與技藝的實際應用，都要仰賴統計。
>
> ——南丁格爾，英國護理先驅

發布支持率差異是42%對24%的兩天後，策略顧問公司又做了新民調，預測保守黨會領先，支持率為37%對28%，與其他民調公司的結果類似。就我看來，這證明了他們前一次的民調發生了「20次裡有一次」的誤差。

然而，《環球郵報》的觀點不同，他們大力鼓吹保守黨的支持度「踢到鐵板」，正在「下降」。

報社甚至為了支持度下降提出解釋。他們說，保守黨的領導人「偏離了他小心策畫的選舉布局。」

可能吧，但機率也與此事有關。

人生的局，機率有解

作　　者　　傑佛瑞·羅森薩爾（Jeffrey S. Rosenthal）
譯　　者　　吳書楡
主　　編　　呂佳昀

總 編 輯　　李映慧
執 行 長　　陳旭華（steve@bookrep.com.tw）

社　　長　　郭重興
發 行 人　　曾大福
出　　版　　大牌出版／遠足文化事業股份有限公司
發　　行　　遠足文化事業股份有限公司
地　　址　　23141 新北市新店區民權路 108-2 號 9 樓
電　　話　　+886-2-2218-1417
傳　　真　　+886-2-8667-1851

封面設計　　張天薪
排　　版　　新鑫電腦排版工作室
印　　製　　成陽印刷股份有限公司
法律顧問　　華洋法律事務所　蘇文生律師

定　　價　　450 元
初　　版　　2023 年 4 月

STRUCK BY LIGHTNING: THE CURIOUS WORLD OF PROBABILITIES by
JEFFREY S. ROSENTHAL
Copyright: © 2006 by JEFFREY S. ROSENTHAL
This edition arranged with HARPER COLLINS PUBLISHERS LTD.
through BIG APPLE AGENCY, INC., LABUAN, MALAYSIA.
Traditional Chinese edition copyright:
2023 STREAMER PUBLISHING, AN IMPRINT OF WALKERS CULTURAL CO., LTD.
All rights reserved.

電子書 E-ISBN
ISBN：9786267191996（EPUB）
ISBN：9786267191989（PDF）

國家圖書館出版品預行編目資料

人生的局, 機率有解 / 傑佛瑞·羅森薩爾 (Jeffrey S. Rosenthal) 作 ;
吳書楡 譯 . -- 初版 . -- 新北市：大牌出版，遠足文化發行, 2023.04
352 面 ;14.8×21 公分
譯自：Struck by lightning : the curious world of probabilities
ISBN 978-626-7305-01-0（平裝）
1. CST: 機率論

319.1   112002326